心理学让你内心强大

隋岩 著

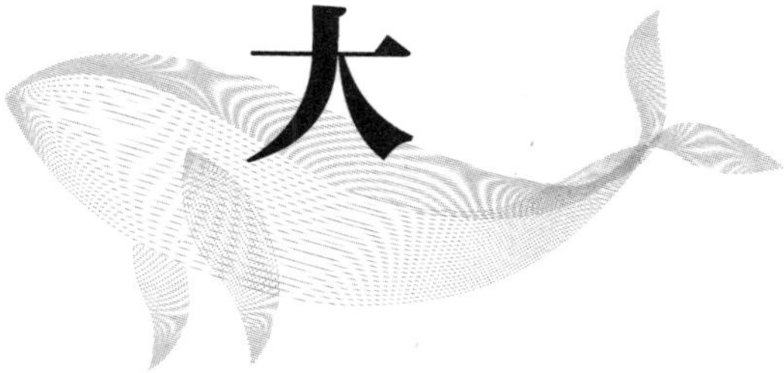

中国法制出版社
CHINA LEGAL PUBLISHING HOUSE

Preface

前言

当“内心强大”这个词汇在网络上广泛流传时，似乎所有人都开始用“内心强大”来说事儿了。

小A遇到委屈哭哭啼啼，不懂得调节情绪，只知道唉声叹气时，同事说她：“你内心不够强大呀！”小B被一个难缠的客户百般刁难，搞得焦头烂额、脾气暴躁时，上司说他：“你内心不够强大呀！”小C被一个势力的暴发户狠狠地鄙视了一番，颜面尽失、自尊受辱时，朋友说他：“你内心不够强大呀！”……

这么多有关“内心强大”的话语充斥着我们的感官和心理，到底什么才算是真正的内心强大呢？在心理学上，每一次研究的开始都应当对所要研究的问题下一个“操作定义”，也就是准确地界定所要研究的问题。那么，我们也需给“内心强大”下一个操作定义，弄明白到底什么才是真正的内心强大。

笔者认为，内心强大不是指一个人在说话、做事、处理问题上有多强势，或者多么咄咄逼人。相反，强大的心理素质不仅仅表现在行为上，更表现为一种自我的内心感受。比如，一个人对自己的了解程度，对环境的掌控程度，面对逆境、挫败时的情绪状态，日常生活中的心理体验，等等。如果一个人内心强大的话，一定是表现在这些方面。可以这样说，一个内心强大的人，一定对世界具有独特的看法并且不轻易受他人影响，有着清晰的人生目标，对未来充满希望。他每一天的生活都充满阳光，很少被负面情绪所累，具有爱和慈悲之心，家庭幸福，广爱世人。

一定有人说，这样的人听起来未免太过完美，太不现实了。其实，即使能做到其中的一两个方面，或者将心理上的一两个优秀品质带入生活的每一处细节中，就已经算得上内心强大了。让自己变成内心强大的人，并不是为了和权贵对抗，更不是为了显得自己比那些扮酷的人更牛，而是为了在生活中，内心能够更平和、更从容地接受成功与失败、幸运与不幸。

俗话说，海纳百川，有容乃大。如果你能坦然地接受不完美的自己、不完美的生活和充满瑕疵的世界；不再为了那些不公平的事耿耿于怀，不可终日；不再为了一时的失落而郁郁寡欢，混沌度日；不再纠结于某一个爱你却又离开你、伤害你的人；不再因为天气阴霾而心情不畅……那么，你已经开始了内心强大的第一步。

但是，如果你想看升官发财的秘诀，请不要继续看下去了；如果你想要学圆滑之道、练斡旋之术，也请你放下这本书吧；如果你想通过一本心理学书籍帮你变成“人精”，那么这本书要让你失望了。因为在这本书里，没有速成的做人理念，也没有即时的生存之道，笔者想要和读者交流的，就是每个人在生活中都可能遇到的问题。比如，是否要力排众议、坚持自己的理想；是否要揪着过去不放，让自己沉溺其中不能自拔；如何让身处情绪困境的自己找到生活的阳光。如果你看完了这本书，或者看过一两个章节之后，觉得原本浮躁的内心沉静了下来，看清了充实生活背后的慌乱，看到了忙忙碌碌中疲惫的自己，笔者的心愿就已经实现了一半。

在很多人钻营着为人、做事、向上爬时，笔者希望通过这本书告诉内心焦虑、烦躁、“压力山大”的年轻人，我们并不一定要遵循他人认同的人生价值，让年轻的生命陷入发财、扬名、掌控权力的无限循环中。相反地，每个人都应该倾听自己内在的声音，问问自己到底想要什么样的生活。即使你的生活模式已经定型，一时间无法重新选择，也不妨调节一下内心的感受，重新找到生命之美好，存在之可贵。

Contents

目录

第一章 了解自己

第二章 掌控环境

第三章 逆境雄起

第四章 张弛有度

第五章 坚信理想

第一章

了解自己

透彻地了解自己，是一个人内心强大的基础。

强大的力量是来自内心，而不是来自外在。

内心强大的前提——透彻地了解自己

从前，一座寺庙里新来了一个小和尚，他态度诚恳地去拜见方丈，请求为寺里做一些事情。方丈对小和尚说："你先熟悉一下寺里的众僧吧！"

第二天，小和尚就认识了寺里所有的僧人。他回到方丈那里，请求方丈分配给他一些事情做。但方丈还让他去继续了解认识寺里的众僧。

三天后，小和尚志得意满地来到方丈那里，告诉方丈说："我已经认识了寺里上百名僧人，并且对他们的身世都有了了解。"方丈微微一笑，说："还有一个人，你没有认识，而且这个人对你十分重要。"

小和尚满腹狐疑地走出方丈的房间，一个人一个人地询问着，一间房一间房地寻找着。在阳光里，在月光下，他都不断地琢磨——那个人到底是谁呢？不知过了多少天，一头雾水的小和尚在一口水井里忽然看到自己的倒影，他这才幡然醒悟。

原来，他还没有了解自己。

一生当中，和我们打交道最多的那个人就是自己，但往往我们最不了解的也是自己。

当人生得意的时候，我们常常会被周围的赞美和掌声遮住了双眼，高估自己，觉得自己很好、很优秀，自身价值也好像瞬间提升了许多；当人生失意时，我们又常常将困境带来的不顺利都归结到自己身上，从而低估自己的能力，失去原本的自信心。

不管是得意时的骄傲，还是失意时的自卑，都将真实的自己和我们的视线隔离开来，让我们无法对自己做出正确的评价，更谈不上修炼强大的内心了。所以说，我们内心强大的前提，就是要透彻地了解自己。

透彻地了解自己，也就是正确地认识自己，做一个理智的现实主义者。清楚自身的性格特点、人生理想、处事风格，包括一切优势和劣势。当我们清楚了自身的一切，还原了真实的自我，不妄自尊大，也不妄自菲薄时，内心自然就会慢慢强大。

薛德立是一个性格坚强、做事强势的部门经理。进入公司三年来，他始终以强势的、近乎压迫性的方式完成工作，他会在公司的决策会议上为所在部门争取更多的资源，也会用特别严苛的标准约束手下的员工。这种行事风格让他在同事之间备受争议，但也让他的职场生涯一路平步青云。

薛德立所有的下属都是他亲自挑选的，他特别不能忍受的就是男人身上的女性特质。因此，薛德立身边的主管和员工都是清一色的血气方刚的大男人，他们在谈判桌上冲锋陷阵，在客户之间果断决策，用强大的男性荷尔蒙征服着世界。

可是，薛德立强大的外表下面隐藏着一颗脆弱的心。当一份倾尽部门所有人力准备的活动策划被提交到高层会议时，薛德立满心期待着，准备迎接胜利的欢呼。可是方案最终因为预算超支没有通过。会后，薛德立大方地拥抱同事，安慰大家说："这次不行，还有下次，我们再接再厉！"但是，没有人会想到，薛德立会在人群散去后，一个人躲在办公室里偷偷地流眼泪。哭过之后，他会责备自己不够坚强，内心不够强大。随后，他的态度会变得更加坚定，手段也更加强硬。

其实，薛德立的内心如同很多传统的中国男人一样。在传统观念里，男人就是男人，男儿有泪不轻弹，打落牙齿和血吞。薛德立的强势和坚强，正是为了表现他作为男人血性的一面。他努力塑造自己强硬的形象，却没有认识到软弱、沮丧也是他性格中的一部分。

作为一个完整的人，不管是男人还是女人，我们身上都会具有勇敢顽强、坚持的一面，当然也会具有软弱、温暖的一面。如果一个人只认同其一，不认同其二，整个人格就会出现空缺，从而缺乏强有力的心理支撑。

认识、了解自己的全部，是一个人一生的任务，同时也是内心强大的基础。当我们逐渐深入地发现自己、挖掘潜力时，我们的思想、智慧和内心都会有所提升，对人生会拥有更强的控制力，面对外部世界的纷繁变化也会多一份淡定和从容。

舍得之道——放弃不现实的想法

她22岁放弃了在中国优越的工作，留学美国，10年后回国与丈夫一起创业，按照亚马逊的模式创办了一家网上书店。那时正值互联网发展的高峰期，大约有几百家和她的书店一样的公司，且规模都比她的大。当时的电子商务尚处在发展初期，个人在网上买东西的少，许多公司都是惨淡经营，一些支撑不下去的公司纷纷将目光投向其他的生意，而她则认定："向老百姓，向普通顾客，一份一份地卖他们所需要的东西，这正是我想做的事情。"

就这样，公司在运营前10年几乎不盈利，业界人士甚至戏谑调侃他们夫妻俩是"IT劳模"，是"搬运工"。然而，10年的坚持换来了最终的成就。她的公司从最初的一天几个订单发展成为全球最大的网上图书音像商城，并且成功上市。她就是当当网的联合总裁俞渝。

杨澜在采访俞渝时问她："你不自信的地方在哪里？"俞渝坦白地说："长相。"

杨澜有些惊诧于她的坦白，随后接着问："为什么随着年龄的增长，你反而越来越自信，越有气质和光芒了呢？”

俞渝回答说：“自己接受自己，放弃那些不现实的想法，放弃成为自己不可能成为的人，全然接受自己的心态会使人变得更平静、更坦然。自己舒坦下来，没有紧张和焦虑，别人也更容易和自己相处。人生和商场一样，重在做自己。”

面对天生不可改变的容貌，选择坦然接受；面对自己认定的事业，用一股近乎执拗的精神坚持到底。俞渝用她的人生经历为我们诠释了“舍得之道”，也为我们阐述了关于“放弃与坚守”的人生道理。

世界永远都是光怪陆离的，充满了形形色色的诱惑。身份、地位、权力、金钱，是很多人的人生目标，同时也是很多人的人生梦魇。那些认清自身条件，充分发挥自身优势并且持之以恒的人，最终收获了事业的成就和人生的辉煌；那些带着虚幻的梦想，奔波在徒劳的追逐中的人，则可能到最后两手空空，一事无成。

个中原因，不在于谁比谁更聪明，更富有，有更强的家庭背景，而在于谁能够实事求是，客观地了解自己，搞清楚自己是谁，能做什么，不能做什么，优势在哪里，局限在哪里。在正确的、可实现的方向上，梦想才是梦想；如果一开始方向就搞错了，梦想只能变成空谈，坚持也会变成徒劳。

强大的内心不在于来自梦想的力量有多强大，而在于梦想可实现的机会有多大。当我们能够看透自身的优势和局限，舍弃棉花糖般的梦幻，着眼于脚下踏实的土地，将坚持和努力放在一个切实可行的理想中时，才会在一个有舍有得的内心世界中锻造出内心的强大。

在美国，曾经有一个乘客遇到了一个快乐的出租车司机。乘客特别好奇，就问他："你为什么这么快乐，难道是遇到好事了吗？"司机回答说："每一天都是好事啊！"

随后，司机讲述了他的故事。原来，这位司机曾经是理工大学的高才生，他当时的理想就是成为一名工程师，毕业之后进入通用汽车公司，让美国人开上他设计的产品。可惜，在大学二年级时，他在做实验时仪器发生了故障，瞬间迸发的火焰烧伤了他的右眼。虽然手术非常成功，他也在两年后恢复了视力，可是，他却再也不能用电脑制图了。父母鼓励他重新修读课程，他却选择了回到家乡做一名普通的出租车司机。"在休息日，我会自己设计、改装一些车辆，还会开着它们到处游玩，我感到非常快乐。"如今，他同样是汽车方面的专家，当汽车公司准备制造新产品时，还会聘请他做顾问。

乘客问他："你不觉得遗憾吗？""没有什么遗憾的，这不过是一个选择而已。反正我是因为喜欢开车才去学汽车制造的，现在我每天都开车，我已经实现了自己的理想。"

生活的快乐并非建立在宏大的梦想上，而是建立在每一天实实在在的生活上。工程师有工程师的快乐，司机有司机的快乐。重要的是，当他对工程师的期待转变为司机的现实时，他看到的不是天与地的差别，而是理想实现方式的变化。坦然接受现实的条件，放弃已经不再可行的理想，不失为使内心强大的有效途径。

实际上，每个人都应该有理想，每个人也都应该看清理想和现实之间的距离。当我们发现自己的想法无法实现，或者不够现实时，果断地放弃好过固执地坚持。舍弃不适合自己走的路，才能让正确的那条路更加清楚。

定位方向——强大的不是能力而是心理

在职场上，很多在工作中做出出色成绩的人会被称赞说“能力不错”“他是一个非常有才能的员工”。我们都知道，这个“能力”指的是一个人的工作能力，如管理员工的能力、协调公司各部门的能力、处理人际关系的能力、应对突发事件的能力……但是，拥有了这些能力，就能够成为内心强大的人吗？答案是否定的。

工作上的成绩、生活中的机遇、人生中的转折，除了取决于我们的能力之外，还取决于另外一个重要的方面——心理素质。甚至可以说，即使一个人在各个方面都做得很优秀，唯独在心理素质上输给了别人，那也可能意味着他彻底输了。

有的职场达人可以轻松应对绩效的考核、人事的尔虞我诈和残酷的生存压力，却唯独无法接受一次小小的失败；有的专业人士能够在研究的领域取得出色的成果，却常常有人际交往恐惧，无法适应社会生活。不得不说，他们同样是强大的，不过是外在能力上的强大，而不是内在心理素质上的强大。

徐鹤是经济学院的研究生，对经济学大有热情的他将全部的时间用在了学术研究上面。功夫不负有心人，三年的时间过去了，他的毕业论文发表在了美国 *The American Economic Review* 杂志上，受到学校的嘉奖。

在毕业典礼上，作为毕业生代表的徐鹤需要到讲台上致辞，这可难为死他了。生性慢热的徐鹤可以在朋友间侃侃而谈，也可以在老师面前大声表达自己的学术想法，却唯独在面对陌生人时，总是紧张过度，惊慌失措。

当他站在演讲台上时，来自四面八方的掌声一下子就吓跑了已到嘴边的开场白。惊慌中，徐鹤用颤抖的声音说："同学们，再见！"莫名其妙的老师和同学顿时面面相觑，不由得哄堂大笑。一阵冷场后，徐鹤没有从惊慌转为镇静，反而脑门上开始涔涔地冒汗，昨天晚上背得滚瓜烂熟的讲稿也所剩无几了。

当徐鹤下意识地伸手去口袋中拿演讲稿时，却发现掏出来的是几张面巾纸。大概是出门的时候太急，不知怎的将面巾纸当讲稿放进口袋了。看着台下窃窃私语的同学和老师，他甚至想找个地缝钻进去。最后，他实在窘得无地自容，只好鞠个躬之后跑下了讲台。慌乱中，他一抬脚又踢翻了讲桌旁的水壶。

人的能力分为诸多方面，如智力能力、操作能力、人际交往能力等，这些能力让我们能够更轻松地驾驭生活、改善生活，甚至像徐鹤那样，获得学术上的肯定。然而，只有这些还是不够的。在这个人与人之间的交往异常繁密的社会，只有这些能力，或者单单在智力方面具有优势而缺乏强大的心理素质并不足以称为内心的强大。

众所周知，但凡有所成就的人，或是某一领域的高人，除了高超的专业技巧之外，必定有泰山崩于前而色不变的心理素质。心理上强大的人才能真正自信、积极、主动地争取目标，从而激发自我的内在动力，促使自己改变自我，挖掘潜力，使之成为一个良性循环。

从小生长在孤儿院里的毛毛常常悲观地对院长说："我是个没人要的孩子，没有人会珍惜我的。"

院长笑笑没有回答，取出一块石头让毛毛拿到市场上去卖。院长的条件是无论别人出多少钱，绝对不能卖。毛毛听话地蹲在市场的角落里，意外地发现有好多人对他的石头感兴趣，而且价钱越出越高。

一天过去了，毛毛高兴地向院长报告说："竟然有人愿意买我的石头呢！"院长让毛毛第二天继续到市场去"卖石头"。结果，有人开价比昨天高10倍。最后，院长让毛毛将石头拿到宝石市场去展示，结果竟然有人出价百倍。由于毛毛听从院长的话，无论多高的价格都坚持不卖，一块石头竟被传扬为"稀世珍宝"。

回到孤儿院之后，院长对毛毛说："其实你就和这块石头一样，也是稀世珍宝。等你长大了，就会有人争相来珍惜你的。"

简单地说，不管一个人外表是强硬还是软弱，心理素质都决定了他的生活。如果我们的心理能量足够强大，就会用更积极的方式发挥身上的才能，反之，即使我们能力再强，也是徒然。

认清现状——我还有什么好担心的

有一个士兵在战场上负伤，被送到了战地医院救治。他的喉咙被炮弹的碎片击中，后果如何尚未可知。士兵急于知道自己的病情，可是他又无法开口说话，于是他写了一张纸条给医生：“医生，我会死吗？”医生肯定地回答说：“你不会死！”士兵又写了一张纸条：“我还能开口讲话吗？”医生再次给出了肯定的回答说：“你当然会开口讲话。”始终悬着的心终于放下了，士兵在纸条上写道：“那我还有什么好担心的呢？”

诚然，当我们最关心、最在乎的问题都得到了肯定的答案，还有什么好担心的呢？其实，每天匆匆行进的我们，在忧心忡忡地担心失去这个，得不到那个的时候，不妨这样问问自己：“已经拥有这么多，那我还有什么好担心的？”

可以说，即使再不幸的人，生活也有几成是好的，是令人感到开心快乐的。认清自己的现状，就要有全面思维。当我们因为遗憾而自怨自艾时，不妨将视野放宽一些，看看自己正拥有的美好。

一个冒险家在太平洋上漂流了21天后成功获救，当人们称赞他的勇敢，为他的强大内心喝彩时，他这样说："这一次探险，我得到的最宝贵的经验就是，如果你还有足够的淡水可以喝，有足够的食物可以吃，就不要抱怨任何事情。"

可惜，人类总是被贪婪的欲望蒙蔽了双眼，眼睛只看到远方的目标，而忘记当下的现状。当我们整天被父母唠叨时，从来不会想，有的人根本没有机会听到父母的唠叨；当我们因为与恋人的争吵而烦恼忧愁时，从来不会想，有的人尚且没有感受过爱情的甜蜜；当我们抱怨自己没有鞋时，从来不会想，有人甚至没有脚。如果一个没有脚的人都能够拥有强大的内心，乐观向上地生活，那么正常人还有什么可抱怨的呢？

林正从工厂辞职后，回到家乡开了一家杂货店。店面虽然有些偏僻，但是也能吸引一些周边的邻居光顾。然而，林正并不是一个善于经营的人，赚到一点钱马上就花掉，到了需要进货的时候就束手无策了。因此，杂货店惨淡经营半年后，不得不面对关门的命运。将店铺卖掉之后，林正不但赔掉了自己的积蓄，还欠着亲戚一笔债务。

林正在家里消沉了一段时间后，重新开始找工作。他没有学历，也没有拿得出手的技术，除了几年汽修的经验，没有任何求职优势。屡次碰壁之后，林正身心疲惫，对未来的生活也失去了信心。

就在他再一次被拒绝，垂头丧气地走在回家的路上，回忆着刚刚人事经理对他的说辞时，从身边传来了一声叫喊：“嘿，小心前面。”林正一抬头，仍然不可避免地撞到了电线杆上。等到头顶上忽闪忽闪的金星散去之后，林正才瞧见声音的来源。那是一个没有双腿的人，坐在一个简易的轮椅上。

“撞疼了吧？电线杆子也不是好欺负的！”那人停在路边，看着林正揉他头上的包。林正正要开口道谢，那人继续说：“今天天气不错，不知道生意会如何。祝你好运了，小伙子！”说完，他继续转动着不怎么灵活的轮椅，朝着前面的市场走去。他的箱子里装的是一个修鞋的机器，还有一些线团和工具，林正猜测，他应该是靠修鞋为生的。

望着他渐渐远去的背影，林正忽然觉得头脑清醒了。“一个缺失了双腿的人尚且能够活得开心、自信，我四肢健全，行动自由，为什么要在这里怨天尤人？”于是，林正挺起了胸膛，重新回到了人才市场。这一次，找不到工作他是不会回家的。

人性中最可悲的地方，就是看不清自己和周围的环境，整天向往着天边的空中花园，而不去欣赏开在窗前的玫瑰。如果每个人都能够对现在的自己感到知足：至少我还活着，我还在思考，拥有家人和朋友，有一份不错的工作，即使有时与恋人争吵，但他还在我身边……认清了自己的现状，悲观如此，乐观亦是如此，那么，我还有什么好担心的呢？

炫耀的本质——偷偷作祟的自卑心

周末和朋友闲聊，突然，他的手机响了，是一条短信。朋友看过后，笑着拿给我看，内容是：“我的电话你没听到吗？”

朋友说：“公司的同事，一直在约我，可是我一点都不想去——真是没办法，女朋友对我爱得死去活来的，天天吵着要结婚，我哪还有精力应付这个？”听起来像无奈的话，但是那神情、那口气，分明是在炫耀。

随后，他兴致勃勃地找出另外几条短信给我看。“中午一起吃饭吧，你有约吗？”“周末别宅在家里了，出来玩啊。”我边看边读出了短信的内容。朋友的脸上浮现出了满足和自豪，好像这一刻，全天下的女人都爱他，而他从来不会留恋哪一个女人。

只有我知道，这一切不过是他自己编织的假象。

女友怀孕回家待产，全家都在逼婚，他一边向往着自由的生活，一边为了孩子的奶粉钱拼命工作。找我出来，也是为了倾诉苦闷，排解压力。唯一令我不解的是，热锅上的蚂蚁竟然还有唱歌的心情。

于丹曾经说过："一个人炫耀什么，说明他内心缺少什么。"事实或许真是这样。

喜爱炫耀的人并非天生如此，而是在后天慢慢养成了炫耀的习惯。他可能是从小在贫困的环境中长大，才会将金钱看得那么重要；他可能始终没有受到他人的肯定，才会为了一时的嘉奖如此雀跃；他可能多年弱小，才会在突然强大一次之后忍不住向天下人宣告。

当一个人夸大自己的成功，卖弄自己的能力，向朋友吹嘘自己认识的显贵时，不过是将能力、权力和金钱作为华丽的外衣，尽力掩盖着内心那个胆小的、没有安全感的、自卑的小人物。骄傲的孔雀在别人眼里一定是美丽的，但是只有孔雀自己知道，拔掉了美丽的羽毛之后，它不过是一只丑陋的鸟。

很简单，谁都没有多么特别，一个人借以炫耀的资本在他人看来可能也没什么不同。每天喊着"摇滚精神"的乐迷嘲笑着听流行音乐的粉丝，但他自己可能从来没买过一张正版摇滚 CD；向朋友兜售西方文明的学者在同行里显得博古通今，但他可能从来未踏上过欧洲的土地。一切炫耀的行为，一方面是认知上的错觉，另一方面则是心理软弱的真实写照。

每一年的同学聚会，王林都会打扮得西装革履，拿出接见外宾的架势盛装出席。同学们也知道，自从他辞职下海经商之后，摸爬滚打了十几年，的确赚到了不少钱。如今，他家住豪宅，腰缠万贯，说起话来也显得更有气势。

同学们一落座，王林便呼喊着服务员点菜。菜谱送上来后，他一边数落着该饭店的菜式单一，一边向同学讲述着他曾经吃过的各种菜品。“这个月份的海鲜不能吃，前几天我和王局长吃完就拉肚子了。”“跟厨师嘱咐一下，那个酸菜鱼下锅时间可不能长，鱼肉老了不鲜。”“回头再聚还得去五星级饭店，这种小店多没劲。”

半个小时后，王林点完了菜，便和同学们一一交流近期的变化。与其说是交流感情，不如说是他在做个人成就的汇报演讲。同学们也一边赔着笑脸，一边想起他早年的糗事。

其实，说起王林的学生时代，谁都无法联想到今天这个财大气粗的王林。中学时，王林特别瘦小，经常有人欺负他。由于个子小，他从来不和男生一起打篮球，也不会主动参与体育活动。整个中学时代，别人看书的时候，他在看书；别人在玩的时候，他在看书；别人在谈恋爱的时候，他还在看书。

可惜阴差阳错之下，其他同学有的考入了大学，有的念了中专，而他却被分配到农机厂上班，从此远离校园。比同学更早步入社会的他，深深感到自己与他人之间的差距，于是在工作之余继续看书，自学成才，最后辞掉工作，投身商海。

看着王林每次在聚会上挑大梁，兼任组织者和发言人，还不忘记带给大家感人的励志故事，班长总是会调侃他说：“在学校的时候，一天天地听不见你说话，这下好了，同学聚会帮你补回来了。”

其实，每个人都有自卑心，每个人也都有炫耀的欲望。即使是楚霸王项羽都有“富贵当还乡”的想法，更不用说普通人了。不过，我们也需要明白，努力奋斗的最终动力并非赢得他人的喝彩，炫耀本身也不能让自卑的内心变得自信而强大。

亦舒在《圆舞》中曾经写过：“真正有气质的淑女，从不炫耀她所拥有的一切，她不告诉人她读过什么书，去过什么地方，有多少件衣服，买过什么珠宝，因为她没有自卑感。”一个人没有什么，往往就会贬斥什么，或者相反，刻意夸大什么。所以说，当一个女人炫耀身上的名牌和珠宝时，可以想见她曾有的寒酸相；当一个男人炫耀他的财力和女人缘时，可以想见他深藏内心的虚弱本质。

最清楚自己的人还是自己。那些通过吹牛来掩盖内心自卑的人，并非真正的强者。怀有多少才，自己知道，时间长了，别人也会知道，并不需要靠炫耀和吹嘘维持。一个真正有能力的人，往往会藏得很深，而不是将内心的一切暴露在肤浅的表面上。他们将高傲藏在骨子里，因为他们知道，低调就是最大的炫耀。

还原本我——逃离他人的影响

在心理学上，本我即Id，代表人类本性中最原始的欲望冲动，是需要超我压制、自我调节的一个人格部分。不过，这里说到的“还原本我”，并非劝说大家去放下社会的道德和法律约束，去追求原始的欲望。本我，通俗来讲就是真实的那个我，是去掉包装、去掉伪饰的真实存在。还原本我，也就是尊重自我的真实存在，去体验一种无须做作、没有虚伪的轻松生活。

然而，还原本我谈何容易。人处在纷杂的社会中，战争年代疲于奔命，追求和平和自保；和平年代，则追求物质富足和社会地位。生命最初是一张白纸，经过人间转一圈，难免会沾染上各种颜色。

有的人按照他人的方式奋斗；有的人按照他人的标准生活；有的人在生活中，一刻都不能离开别人的眼光，好像街边的玻璃橱窗一样，将自己的生活事无巨细地展示在他人面前，供人消遣，任人评论。实际上，展示就代表被他人左右，在乎他人的眼光和意见，无法摆脱他人评论的影响。

从前，有一个耄耋老人，他留了一尺多长的雪白胡子，每个人见到他都夸他的胡子好看，老人自己也觉得很是得意。

有一天，老人在门口散步，邻居家的小男孩好奇地问他："老爷爷，您这么长的胡子，晚上睡觉的时候是放在被子里面，还是放在被子外面呢？"老人从来都没有考虑过这个问题，一时间答不上来了。

到了晚上，老人躺在床上一直在思考小男孩的问题。到底是把胡子放在里面，还是放在外面呢？于是，他先把胡子放在了被子的外面，过了一会儿觉得不舒服，便把胡子拿到被子里面，可还是一样的别扭，他就把胡子又拿到被子外面。就这样，里面，外面，里面，外面……老人折腾了一宿，还是怎样都不舒服。老人很纳闷，禁不住问自己："以前睡觉的时候，我把胡子放在哪里呢？"结果，老人失眠了。

第二天，老人出去又碰到了邻居家的小男孩，老人生气地说："都怪你，问我个没头没脑的问题，闹得我昨晚上一夜没睡。"

生活中有很多这样的情况。别人无意间的一句话，无意间的一个眼神，无意间的一个动作，都会让我们难以释怀，心中久久不能平静。有一些人，看着他人都在向往国外，他也开始学英语，准备出国；看到他人换了新房子，他也赶紧拉着家人看楼盘。有些时候，即使是艺术家、修行大师，也难免活在他人的影响下，丢失了内心的自我。

日本京碧寺的山门上有一块匾额，匾额上题有“第一议谛”四个大字。这四个字是200多年前，由洪川大师亲笔写上去的。后人在景仰洪川大师的书法时，一定不会想到，为了写好这四个字，洪川大师写了85遍。

洪川大师是一个严肃认真、追求完美的人，他每写一字，都要精心构思，反复揣摩，直到每一个细节都满足才罢休。在他的影响下，他的弟子也是有过之而无不及。当时，为洪川大师磨墨的弟子就是一个十分挑剔又直言不讳的人。大师的每一钩，每一捺，只要有一点点瑕疵，他都会直接指出来。

洪川大师写了几幅以后，弟子批评说：“这幅写得不好。”“那这一幅呢？”弟子摇头说：“更糟，比刚才那幅还差。”大半天过去，洪川大师耐着性子一连写了84幅字，都没有得到弟子的认可。

后来，磨墨的弟子去上厕所，大师终于松了一口气，趁着心中没有羁绊，赶紧写下了第85幅。当弟子回来后，看到这幅字，禁不住竖起大拇指赞叹道：“神品。”

诚然，人类都是群居生活的动物，难免受到同伴的影响。受影响程度的深浅来自个体差异，但是大可不必因为他人的意见改变自己的初衷，更不需要将自己的生活放进橱窗，展示在他人面前。

我们的身体是自己的，生命是自己的，灵魂是自己的，人生也是自己的。既然都是自己的，就应该为自己而活。想做的事就认真去做，不喜欢的食物大可放弃不吃，没有什么样的生活标准是必须坚守的，也没有什么样的人生道路是既定安排的。

正如三毛的生活宣言："我不吃油腻的东西，我不过饱，这使我的身体清洁。我不做不可及的梦，这使我的睡眠安恬。我不穿高跟鞋折磨我的脚，这使我的步子更加悠闲安稳。我不跟潮流走，我不耻于活动四肢，我避开无事时过分热络的友谊，我不多说无谓的闲言，我尽可能不去缅怀往事，我当心地去爱别人……我不求深刻，只求简单。"

纵使我们这些普通人没有三毛那般"走自己的路，让别人说去吧"的洒脱，至少能够在华丽的喧嚣背后，还原本我，过一种实在、踏实的生活。生命的价值在于内心的丰盈，而不在于外在的拥有。作为人生海洋中赤裸裸的泅渡者，我们无法抗击命运的惊涛骇浪，但至少能用一颗纯粹的心守住真实的自我。

他人即镜子——映照潜藏的自我

怎样才能看清楚自己呢？最好的方法，就是照镜子。在镜子尚未问世之前，人类通过湖泊、河流、井水中的倒影来了解自己的容貌，当镜子从铜镜、铝镜发展到水银镜后，认识自己的容貌早已不是难事了。自恋的人，更会每天在镜子前欣赏自己的容貌，为上帝的这一佳作不住地感叹。

世间的镜子多种多样，有的镜子镜面扭曲，因此变成了哈哈镜，照了之后，模糊了镜像，却也让我们欢天喜地，心情舒畅；有的镜子清晰异常，照得见每一寸毛孔、每一粒黑头，照得自己都毛骨悚然。当然，也有魔法镜、照妖镜，照出人性的丑恶和凶狠。

人与人的交往，就如同照镜子。唐太宗说："以铜为镜，可以正衣冠。以史为镜，可以知兴替。以人为镜，可以明得失。"每个人都是我们的镜子，每个朋友都能够照出我们内心中潜藏的部分。在乐观开朗、无忧无虑的朋友身上，或许无法得到生活的启迪，却可以保证永远笑声不断；在严谨认真、头脑清醒的朋友身上，会照出我们的不足和缺失。经过了一面镜子的映照，我们会对自己有一个更加清晰的了解，也会发掘出潜藏在内心深处的人格。

程少臣结婚五年，觉得自己的妻子越来越懒惰、越来越自私，脾气还一天比一天暴躁。从前乖巧可人的妻子变成了一个气势逼人、邋遢散漫的母夜叉。为此，他们吵架、冷战、分居，直到最后程少臣在外面另结新欢，两人终于走到离婚的地步。

因为没有孩子，两人分手也算简单。财产分割完毕，从此便分道扬镳。前妻很快再嫁，程少臣也顺利地将情人变成了妻子。好景不长，当恋爱的温情消磨在生活琐事中后，程少臣的家里又恢复了以往的气氛。妻子整天在外面跑，饭不做，衣服不洗，房子也不收拾，于是他们开始三天两头地吵架。

程少臣常常觉得自己命运不济，娶了两个老婆，一个不如一个，想过一天舒心的日子都难。每天唉声叹气的生活消磨了人的精神，眼看着程少臣的婚姻又走到了破碎的边缘。直到有一天，程少臣在饭局上遇到了前妻的丈夫。两个男人原本不熟，身份上又有些尴尬，但几杯酒下肚后，程少臣终于忍不住向对方询问了前妻现在的状况。程少臣原本期待他能吐吐槽，抱怨一下惨淡的婚姻生活，没想到他说："我挺幸运的，娶到了这么一个好女人。她落落大方，温柔体贴，还烧得一手好菜，对待父母更是尽心尽力。如今这社会，这样的女人不多了。"

程少臣心想："早就猜到你不会说实话，她如果真那么好，我也不至于离婚了！”不久之后，程少臣前妻丈夫当天的说法被证实了。在超市购物时，程少臣远远地看到前妻和丈夫一起买菜。前妻挽着丈夫的手臂，两人轻声地商量、挑选，没有剑拔弩张，也没有咄咄逼人，幸福就写在两个人的脸上。程少臣想到了自己一成不变的惨淡生活，幡然醒悟：“难道，问题出在我身上？”

有些人往往就是这样，在日常生活当中总是不懂得去发现那些简单的却美好的东西，也不善于发现自己身上的问题，因而错过了太多美好。

我们每一个人都应该通过自我反省、通过他人来了解自己，而这正是我们锻炼自己，培养强大内心的前提。

第二章

掌控环境

顺利地适应新环境，选择适合自己的处世方式，在人群中找到自己的同盟，这些都是掌控环境的必备技巧。

随遇而安——顺利适应新环境

大文学家苏轼有一个朋友叫王定国。他家有一名歌女名唤柔奴，姑娘眉清目秀，聪明伶俐。王家世代居住在京师，后来王定国到岭南做官，柔奴跟随到岭南。多年后，她又随王定国迁回京师居住。

一次，苏轼到王定国家拜访，见到从岭南归来的柔奴面色红润，笑靥如花，苏轼觉得特别诧异：她怎么会如此肤质细嫩，气色红润？苏轼好奇地问道："岭南的风土应该不好吧？"不料，柔奴答说："此心安处，便是吾乡。"

苏轼听过柔奴的回答，大受感动，遂填词一首，名为《定风波·常羡人间琢玉郎》。"琢玉郎"意指苏轼的好友王定国。苏轼特别赞美这样一个女子，不仅温柔貌美，富有才情，更能够在困境中安然处之。即使在岭南那样水土不好的地方生活，也依旧能够娇嫩似水。词的后半阕写道："万里归来颜愈少，微笑，笑时犹带岭梅香。试问岭南应不好，却道，此心安处是吾乡。"

所谓随遇而安，便应该是“此心安处是吾乡”的心态吧。不论是贬谪调配，还是右迁升官，深谙随遇而安的内涵和要义，便依然能够享受坦荡的人生，舒心的生活。正如林清玄所说：“在人生中，我们只能随遇而安，来什么，品味什么，有时候是没有能力选择的。学会随遇而安，你能够轻松地挫败生活中许多看似不可战胜的困难。这，是面对生活最为强硬的方式。”

其实，不仅升官贬谪之人需要面对新环境，平凡的普通人同样要经历这样的过程。刚从大学毕业的学生需要适应与校园生活完全不同的社会环境；更换工作的职场人士需要适应新的公司、新的工作环境；从恋爱走入婚姻，或者从结婚走到离婚的人也需要适应新的生活环境。

对新环境的不适应，主要就是心理上的不适应。面对新的场所、新的同事、新的人际关系，该如何让自己找到安全感，如何让脆弱的心理变得强大起来，是我们每个人都需要考虑的问题。随遇而安的人，能够在循序渐进中获得舒适的内心状态，也能充实、快乐地享受新环境。

春节前夕，林峰从广告公司辞职，在一家新的公司拿到了一个文案策划的offer。热热闹闹的节日过后，林峰来到了新公司报到。已经有了一年工作经验的他，早已蜕去了刚毕业时的青涩和害羞，几天之内，就熟悉了新公司的环境和办公室的所有同事。

在人力资源部办好入职手续之后，林峰来到了办公桌前。他先跟身边的两位美女主动打招呼，并且作了自我介绍，随后，他到相邻的部门跟其他同事问好，并且一一询问了对方的名字。

在没有名片的情况下，一下子记住十几个人的名字并不容易。可是，林峰并没有这样的困扰。当同事报上姓名之后，他会小声地重复一遍，以便加深印象。如果叫不准是哪几个字，他还会直截了当地询问对方具体的字怎么写。“一开始就较真儿一点，总好过以后搞错别人的名字吧。”林峰说。就这样，林峰走了一圈下来后，既让同事认识了自己，也对公司的各个部门和身边的同事有了初步的了解。

实际上，很多人无法像林峰这样主动、积极地融入新环境中。有的人可能是因为害羞，不好意思向大家介绍自己，有的人可能是生性木讷，不善交际。其实，公司的领导特别喜欢主动积极，能够尽快融入团队的员工，对于公司的老员工来说，新员工的到来也意味着一个新环境的产生，每个人都需要一个心理调适的过程。如果新员工能够主动出击，短时间内融入，对所有人来说，都是一件好事。

下面是几个适应新环境的原则，以供参考。

1. 真诚相待。真诚是打开心门的钥匙。带着真诚的笑容与人坦诚交谈的人会让对方尽快卸下防御心理，促进彼此之间的沟通。人与人之间的交往都是相互的，只有你慢慢地展现真实的自我，把自己的想法及时与他人交流，才能获得他人的信任。

2. 积极主动。面对陌生的环境和陌生的人，主动去了解永远比被动等待更有效。对人友好、主动表达自己的善意，会让对方对你产生好感，也会让对方觉得自己被重视。同时，一个积极的新人会给人一种充满活力的印象，为后续的交往奠定良好的心理基础。

3. 虚心请教。在一个公司或者一个部门内，都会有几个老资历的员工，他们对公司熟悉，也懂得其中的相处之道。作为一个稳定环境的闯入者，新人难免会遭受冷遇。这时，虚心地向前辈请教，不仅能够及时获得部门信息，还能避免很多不必要的麻烦。

着眼于细微之处——每一件小事都很重要

在一座高山上，伫立着一棵高大的树木。经过自然学家的考证，它已经在山上存活了400多年，经历了无数次狂风暴雨的洗礼，甚至曾经被雷电击过十几次，但是，它仍然顽强地活了下来。

最终，它却倒在了一窝甲虫的攻击下。那些甲虫将巢穴筑在了大树的根部，每天以咬噬树干、树皮为食。它们还不断扩宽洞穴，将暗道一直挖到了树根深处。甲虫的一小口非常小，但长年累月地啃咬下去，终于使这棵饱经沧桑的大树不堪重负，倒了下去。

试问，有时候我们是不是也很像这棵身经百战的大树呢？在生活中能够轻松地抵御暴风骤雨和雷电的攻击，在一次次巨大的风浪中挺立不倒，却被一些不起眼的小事或微妙的小细节击倒。

有道是“天下难事必作于易，天下大事必作于细”，任何事情都是由细小、简单的部分开始，渐渐变得复杂、困难，变得需要花费更多的心力和精力。然而，当我们在每一个细微之处留心，做好每一件小事，了解整个环境的所有细节之后，自然就会气定神闲，自信满满。

科恩从 12 岁起就开始利用暑假时间在爸爸做清洁工的公司打工。爸爸每天都用一桶清洁剂和一把钢丝刷，认认真真地清洗着客户的房间、仓库或者游泳池。

当科恩和爸爸一起清洁游泳池时，为图省事，总是在角落的地方草草了事。爸爸发现后，并没有急着责备他，而是拿起钢丝刷仔仔细细地将这些角落再清理一遍。收工之后，爸爸对科恩说："你的工作质量就是你的名字，因此每一个细节都非常重要。你要像签名一样做好每一件小事，才会得到别人的认可。"在以后的日子里，科恩按照爸爸的教导，拿着钢丝刷将每一块地砖都洗得干干净净。

后来，科恩在一家食品超市做包装工。因为他的工作成绩是全组中最好的，合格率也是最高的，所以他从包装工升为仓库管理员。

虽然每天做的都是装装卸卸、清点库存、核对清单等细小麻烦的事，但他依旧一丝不苟。有朋友劝他说："不要把青春浪费在这种琐碎的小事上了，干一辈子也不会有出息的。"科恩不以为然，依旧坚守着爸爸告诉他的工作信条：工作无大小，每一件事都很重要。朋友觉得科恩是个大傻瓜，永远都干不出名堂来。

数年后，科恩的努力终于得到了回报。他用多年的积蓄成功收购了当地一家食品商店，并且在 10 年后从一家商店开到了 18 家，成为当地最有名、最富有的食品连锁公司老板。

作为普通人，生活是我们唯一的创造。即使身处不同的城市，做着不同的工作，我们依然在创造着生活。这些不能抹平重建，也不能推倒重来的生活，正是由一天一天的积累、一个一个微小的细节构成的。

着眼于细微之处，正是让我们看重生活中的每一件事并认真去做。虽然有人说“人生为一件大事而来”，可那做大事的胸怀、做大事的决心、做大事的强大内心，不都是从做小事中锻炼出来的吗？

徐蕾在九州饭店工作 9 年后，升任人事培训部经理。她的培训理念就是要求员工着眼于工作中的每一个细节，将客人的每一个要求都当成重要的事来做。她经常引用的例子，就是当年她做大堂经理时遇到的事。

当时，有一位到本地出差的客人到饭店来用餐。客人拿着一个方方正正的盒子，里面是一只台灯，是他从古董市场淘回来的。结过账之后，客人叫来了徐蕾，向徐蕾要一个大点的袋子，想要将盒子装进去。可是，那个盒子太大了，饭店里最大的袋子也装不下。

其实，这原本就不在饭店的服务范围内，徐蕾可以讲明原因之后把客人打发走。可是，徐蕾并没有那么做。她充满歉意地解释过之后，想到了一个办法。于是，她对客人说：“袋子一时间可能找不着，不过，我可以用胶带帮您做一个提手，这样您就可以提着这个盒子了。”随后，徐蕾拿来了胶带，在顾客的盒子上粘了个提手。粘好后，客人提着台灯笑着说："真是太感谢你了，九州饭店的员工就是不一样。"

"不积跬步，无以至千里；不积小流，无以成江海。"别看事情微小，能够真正做好的人却不多。注重细节的人定是心平气和、不骄不躁的，那些情绪起伏不定、心急火燎的人，纵使心中有着文韬武略，仍然难把细节放在心上。

生活中不乏想做大事的人，但是能把小事做细的人不多。要知道，把每一件简单的事做好就是不简单，把每一件平凡的事做好就是不平凡。把每一件小事都看得重要，做得出色，积累起来，就能成就闪光的人生。

看穿心事——卸掉他人的伪装

千人千面，每一个面孔后面都有一颗难以捉摸的心。尤其是社会变化越来越迅速的今天，人们之间的大部分交往，早已经由坦诚相待变成尔虞我诈了。越来越多的人戴着层层面具出现在各种场合，敷衍的话语、虚假的表情，让原本神秘的内心世界更加难以了解。

那么，当我们进入了一个新的环境，对周围的一切都不甚了解，对身边的人更是一无所知时，拿什么来支撑我们缺乏安全感的内心呢？我们又如何能迅速地掌控环境？如何能让他人快速地喜欢和接纳自己？不用担心，只要看穿他人的心事，一切都可以迎刃而解。

斯金纳曾经说过："人可以什么都不会，但必须有认清他人心理的能力。"虽然人的内心世界纷繁复杂，无法用科学仪器测量，有时甚至无法用语言表达，但是，人的内心并不是没有规律、无迹可寻的。当我们了解了人类内心的变化规律之后，就可以见微知著，找到操控心理的技巧和方法，从而在心理上占据强大的优势。有了有效的心理策略，尽管环境复杂、人事纷争不断，我们也能够对环境有效掌控。

心理学家分析，一个人的内心世界总是会被一些不经意的外在表现出卖，如一个游离的眼神、一个不合时宜的手势或一句不经意的话。按照弗洛伊德的说法，无论是笔误还是口误，都是潜意识的外在流露。

可以说，人的内心是怎样想的，行为就会按照心理状态做出怎样的反应。除非经过特殊训练，一般人的行为都是有规律可循的。因此，我们可以根据行为推断心理，获得他人伪装背后的心事。

凯利的丈夫车祸去世后，她一直无法走出丧夫的阴影，整天躲在回忆里，一个人孤苦伶仃地生活。不过，日子并没有这样一直沉沦下去，因为凯利遇到了石家宝。

5 年前，石家宝在一场交通意外中失去了妻子。这几年，他带着儿子乐乐一起生活。8 岁的乐乐看起来很懂事，对爸爸的再婚也表示赞同。不过，凯利看得出来，乐乐虽然嘴上同意了她做自己的后妈，心里却并没有真正接纳她。凯利对自己说："以后，征服这个小孩就是我的使命了。"

凯利第一天搬进石家，乐乐就对她投以不屑和厌恶的眼神。因为有石家宝在场，乐乐并没有使性子，更没有哭闹，但是凯利还是看到了他那若有若无的不满。吃过晚饭后，凯利给乐乐倒了一杯牛奶，乐乐愣了一下，随即说道："不用麻烦凯利阿姨了，我自己会倒。”凯利知道，这只不过是一个开始。

在接下来的日子里，凯利每次面对乐乐时，他都是一种彬彬有礼但让人无法亲近的态度。即使这样，凯利依旧对他关怀备至。只要乐乐显得有些不高兴，她就会主动和他聊天，讨论一下学校发生的事。

一个月后，乐乐看她的眼神中没有那么多讨厌和不屑了，凯利给他夹菜，他也会欣然接受。虽然乐乐并没有表现出对凯利的好感，但是她心里知道，乐乐对她的成见已经开始消解了。经过3个月的努力，乐乐终于完全接纳了凯利，并且会主动向她讲一些学校发生的事，分享自己的心事。

那么，是什么决定了乐乐的态度变化，又是什么让凯利有如此的信心能够坚持花3个月的时间改变乐乐呢？其实，这种循序渐进的过程有些类似于斯金纳的操作性行为反射实验，不同之处就在于实验中的猫咪是在完全不知情的前提下做出反应，而凯利则是目的明确地在一点点地改变着乐乐的行为。

当外界环境带给人们的安全感越来越小，人们不喜欢让他人看到真实的自己时，便开始了对自身的伪装。人们像变色龙一样，在不同的温度、湿度和环境下，变换自身的颜色，除了躲避敌害，更重要的是隐藏自己。

李沁是从行政部调来的助理，整天跟在人事经理的后面跑腿打杂，赔着笑脸，收拾烂摊子。有的人说，她最多待一个月，有的人说，没准一个星期她就被吓跑了。因为所有人都知道，人事经理艾姐就是“灭绝师太”，一向以尖酸刻薄著称。她整天一副高高在上的女王架势，所有人见到她都要敬畏三分。可是，谁都没想到，李沁顺利地度过了实习期，并且从行政部彻底地转到了人事部。

李沁最开始也被艾姐的派头吓到了。艾姐在录用员工时会说“做好最坏的打算，就3个月，不行走人”，在辞退员工时会说“回家反省半年，要不然你还会被炒的”。李沁的手机每天24小时开机，有时候半夜3点艾姐会叫她起来订机票、订酒店，第二天她还要随艾姐到分公司出差。不过，艾姐这种对人太过刻薄、不留余地的作风，总让李沁觉得真正的她并不是这样的，她在刻意尽力融入一个角色。结果，事实证明了李沁的判断。

一次，李沁和艾姐到分公司出差。旅途劳顿，李沁生病发起了高烧。艾姐开完会便拉着李沁去医院。挂号、排队交钱、输盐水，艾姐都一路陪着她，柔声细语地嘱咐这，嘱咐那，折腾了一个晚上。艾姐害怕她半夜发烧，就在门诊的椅子上睡了一宿。

虽然艾姐回到公司后好像什么事都没发生一样，但是李沁的心里已经有了判断。艾姐的一切强硬表现不过是职场上的伪装，并不是她真实自我的展现。当李沁和艾姐从同事变成了朋友之后，她回想当时的感受说：“我都紧张死了，看你平时一副随时准备吃人的表情，怎么会那么亲切地照顾下属呢？”

艾姐叹了口气，说：“你呀，还是小丫头。等你在这里熬上个十年八年，你也会像我一样的。”

示强与示弱的哲学——选择你的处世方式

无论是商场上、职场上，还是生活中，总是有许多自恃聪明的人，觉得自己眼睛最亮、能力最强、拳头最有力。于是，在日常的相处中，就给人留下锋芒毕露、招摇显摆的印象。当然，也有另外一种类型的人，不爱声张，不惹是非，喜欢用回避、示弱的方式与环境共存。

当然，示强与示弱不过是我们存在的一种方式，本身并没有好与坏的差别。但是，示强和示弱也需要根据环境，因地制宜。当我们遇到优柔寡断的伙伴时，大可果断地做决定，用强势的态度推进工作。可如果我们遇到强势的上司或喜欢掌控局面的客户，则不需要一味地以自己逞强好胜的性格，针锋相对。在两不相让的情况下，硬碰硬的结果只能是两败俱伤，闹到最后没有胜利，而是两方皆输。当我们遇到强强相对的情况时，何不尝试一下示弱呢？

张挺是装配部的主管，为人很讲原则，个人风格也很强。当初，他来到汽车分厂，完全凭借自身的实力和要强的性格。不过，这种不服输、不服软的性格也让他在工作中吃了不少亏。

一次，装配部门需要一种特殊型号的产品夹具，填好工作协作单后，张挺留了十五天的时间给生产部生产。时间很快过去了，还未见到做好的夹具。于是，张挺气冲冲地找到了生产部的主管，说："协议上写着十五日完成，你也答应了，到现在还没见产品。有什么困难都不说，造成经济损失是你负责还是我负责？"

生产部的主管也是一个暴脾气，于是两个人在写字楼里吵了起来，互相指责对方不作为，还主张到经理办公室解决。后来，在众人劝说下，张挺回到了装配部。张挺还在怒火中烧，下属告诉他，生产好的夹具早上已经送到了，正在测试使用。张挺突然认识到自己没有了解清楚情况，做了一件愚蠢的事情。当他想要找生产部主管道歉时，生产部主管已经告到了经理那里。结果，在经理的调和下，张挺为生产部的员工加餐，一场误会才算过去。

不论在职场中，还是在朋友间的相处中，过分逞强，将自己推到风口浪尖上未必就是好的。如果遇到了同样较真的对手，只会让自己陷入耗费精力的拉锯战，不仅工作会遇到阻碍，团体内部的人际关系也会发生变化。所以说，示弱不失为一种以退为进，迂回行进的生存哲学。与其在表面上表现强硬，不如通过以柔克刚的方式让内心变得强大。当我们拥有自信，能够在环境中泰然处之时，方式上的强与弱已经不再重要了。

林敏来到公司已经半个多月了，作为公司的副总，她身上担负着总裁安排的重任，整天出入经理室。作为空降兵直接到高层走马上任，虽然没有正式宣布，但所有员工都知道她的身份了。

洋洋作为人事部的小助理，平日里也只能在办公室的流言蜚语中，点点滴滴地了解这位大小姐。如果不是因为公司决定重新拟定员工合同，她大概永远都没有机会见识什么叫作无礼和专横。

公司人事调整之后，经理决定给现有的员工增加福利，并且写到新的劳动合同中，于是，原本的劳动合同就需要更换。洋洋从经理室拿出来一大箱的过期合同准备销毁时，接到了林敏要来检查劳动合同签订情况的电话，还要求报告准确数字。在电话中，洋洋简略地报告了情况，直到林敏说，我一会儿过去。洋洋才意识到，灾难要来了。

下午两点钟，林敏把洋洋叫到了办公室，打着官腔问道："你把劳动合同的签订情况报告一下吧，这都两天了，进度如何呀？"洋洋听着她拖着长长尾音的普通话，心里暗喜："幸好我是有备而来。"于是，洋洋将事先准备好的书面报告小心翼翼地放到了林敏的办公桌上，然后回答说："公司现有员工947人，共有935人签订了劳动合同，有12人在外地出差，最早的三天后回来，最晚的要下个星期四。"

"好吧，那你把合同拿来吧，我核实一下。"

洋洋狐疑地看着她，心想："这是不信任我喽。"洋洋哼哧哼哧地抱来了一大箱合同，放在了林敏的办公桌上。只见她"噌"地走过来，从纸箱里拽出了几本合同，翻了两页后，又发问："数目你都数过了吗？是不是员工本人的签名啊？”洋洋心底一凉，心想：这大小姐是没完没了啊。于是洋洋说：“数字对，我数过三遍了，如果不确定，您可以找人再数一遍。至于是不是员工本人的签名，需要本人来核实。如果需要，您可以叫几名员工过来，亲自对比笔迹。”

林敏想了想，挪回了座位上，说：“算了吧，大家都在忙工作，相信你，肯定不会错的。”

找到统一战线的盟友——切忌孤军作战

在一个公司里，我们可以和资历深厚的前辈一起共事，也会在团队合作中结识到有共同话题、共同爱好的朋友。当然，这一切都要从头开始。

作为公司的新人，在不熟悉整体环境、不了解组织内部的人情世故时，掌控环境的最好的方法就是找到一位“盟友”，让自己了解新环境的过程更加顺利，也让自己从公司里的“新面孔”更快速地变成“熟面孔”。

虽然说职场是一个竞争激烈、淘汰残酷的利益场所，想要在职场中交到朋友并非易事，但是，我们可以从拉盟友做起。所谓盟友，就是和自己站在同一战线的同事。彼此之间能够相互理解，有共同的话题，并且对公司的情况有相同的认知，更重要的是，两个人在职位上和利益上没有明显的冲突。

一旦菜鸟找到了自己的盟友——当然，这个盟友不一定也是一只菜鸟——原本充满陌生、危险因素的新环境就变得安全了。或许，盟友的关系很不稳定，随时都会因为利益的冲突而破碎，但是，正如帕斯卡尔所说："人是一根有思想的芦苇，同时也是一根懂感情的芦苇。"盟友或许无法和我们一起实现事业上的目标，却至少可以给作为新人的我们一种情感依托，让初来乍到的我们不再觉得孤立无援。

王晓光大学毕业后，进入了一家电子商务公司做营销。近一年的时间里，他不仅在业务上进步很快，还在同事间找到了一个有共同话题的朋友——张晋。

张晋和王晓光是同一年的毕业生，先后进入公司，按理说，两个人都是年轻小伙子，应该很快熟络起来的。可是，一开始他们互相看不顺眼，王晓光活泼好动，经常混迹在女同事圈里，讲一些笑话、趣事，逗得大家哈哈笑；张晋则安静沉稳，不喜欢被所有眼球围观的场面。两个人，一个外向，一个内向，外向的王晓光觉得张晋太闷太无趣，内向的张晋则觉得王晓光话太多，太聒噪了。

一个多月之后，在一次公司的聚餐上，大家碰到一起开始聊美剧。当时《生活大爆炸》播得正火，好几个同事都在表演电视剧中的桥段。这时王晓光才发现，原来他和张晋有很多共同的兴趣爱好，比如都爱追剧，尤其是美剧，都特别喜欢《生活大爆炸》里的谢尔顿。

畅快地聊天之后，王晓光和张晋的距离一下子拉近了。大半年过去，他们对彼此的了解更多了，即使不聊电视，也有说不完的话。

当然，很多人不懂得盟友和朋友之间的差别，死心塌地地与盟友相处，最后被盟友狠狠地“涮”了一把。这正是我们需要清楚的第二点——朋友和盟友的区别。

一般来说，朋友之间往往都是情投意合、互相关心，即使不在一起，也会时刻关注对方的处境、状态如何。当一方犯错时，另一方永远会给予其最温暖的怀抱和无条件的理解和支持。但是，盟友不同。

盟友只能算作职场中的一种合作关系。盟友可以在工作上聊得来，有许多工作上的交集，平日里互相帮助，分享信息或者做出警告，但是，一旦一方职位升迁、离职或者彼此的利益发生冲突，这种合作的关系马上就会破裂。

就职场人际关系而言，在某些时候，哪怕两人亲密无间，也仅仅是一个特定时段的盟友，而不会成为真正意义上的朋友。当然，如果我们在结交盟友时，就有了心理预期——这不过是一次利益合作，或许受伤害的程度会减轻许多。

朋友高原前几天“被辞职”了，心里窝着三丈火，一定要找我这个铁哥们发泄一下。从他亲身经历的故事中，我看到了一个天真的男孩受伤破碎的心，也看到了职场生涯无处不在的险恶。

高原原本在一个基金会下属的养老机构工作，该机构管辖着市内的几个养老院，主要为养老院提供资金、年度规划，并且提供医疗方面的技术支持。高原的职责，就是每天到各个养老院去检查工作，将发现的问题汇总后，统一上报。

高原已经在那里工作了两年多，最近半年，新来的同事金波和他一起负责这项工作。两个人性格相投，配合默契，成了工作上的好搭档，生活上的好朋友。

可是，公司刚刚从国外聘回来的一位技术支持人员却和他俩杠上了。徐子莉是一个体态臃肿的中年妇女，每天以“海归”自居，张口闭口都是国外的技术、国外的管理水平，顺便贬斥国内的水平低、管理不规范等。其实所有人都知道，她是因为老公另娶了一个金发碧眼的美国人，在国外混不下去了才回来的，自身业务也荒废了很多年。

不仅高原对她很反感，全公司的员工都对她有意见。为此，大家情绪都很消极，整天嘀嘀咕咕地说这说那。高原看这样下去不是办法，于是和金波商量，准备向总经理提提意见。金波同意了高原的想法，不过他又补充道：“找总经理，还是你一个人去吧，人太多的话，经理还以为咱们去示威呢！”

高原细想觉得也是，于是他一个人去找总经理反映情况。没想到，高原话还没说完，经理就大发雷霆：“你们就是懒散惯了，平时也没有个专业的人看着你，管着你，怎么着，被人挑出毛病来，心里不是滋味了吗？还打小报告？”高原努力辩解着，却更加激怒了经理，“如果不愿意干就立马给我滚蛋，别拉帮结伙地反映什么情况！”

高原一气之下跑出了经理办公室，对金波说：“此处不留爷，自有留爷处，你也收拾东西，咱俩一起走，看那个老女人能搞出什么名堂？”金波站在角落里没有出声，当高原再次叫他时，他说：“高原，我不能走。我和你不一样，我都结婚了，眼看老婆马上就要生了，我得挣奶粉钱呢！”高原心里特别不是滋味，有一种被出卖的感觉。

“难得相识一场，平时还哥们长哥们短地叫着，合着我这当哥们的，就是给人堵枪口去了！”高原拿着酒瓶，不住地感叹着。

第三章

逆境雄起

当我们走入困境，陷入眼前的迷雾中，迷失了人生的方向时，不如将这逆境中的考验看作走下去的必然之路。

站在人生的路口——坚持还是放弃

当你走在马路上时，很明确地朝着前面的方向前进。可是，当你走到一个路口时，突然发现多了许多条路，有的从左边延伸开去，有的从右侧一直铺开，向前看，茫茫一片，向后看，身影斑驳，这个时候，你要怎么办？是继续勇敢地前进，脚步不停，还是干脆拖着疲倦的身影原路返回？

在人生路上，前方的未知是任何一个人都无法抗拒的，艰难的抉择也是每个人都会遇到的。当我们遇到困境，或者被艰难的现状折磨得体无完肤时，真的想说："干脆算了，怎样不都是人生吗？"当然，也会有另外一个声音说："难道这样的困难就把你吓跑了吗，你的理想呢，你的追求呢？"

人生路上的困难有很多种，有的像一颗圆滑的鹅卵石，轻轻一迈就过去了；有的像西绪弗斯的巨石，推上山又滚下来，周而复始，永无尽头；有的困难甚至没有解决之法，求助于人也无济于事，只能默默地忍受……面对这些情境，这些困难，人穷其一生都在不停地做这样那样的决定：向左还是向右；要强还是认输；

坚持还是放弃……

桃丽丝27岁时遭遇了人生中最痛苦的事。她的哥哥从战场上归来，带着一条残缺的腿。哥哥非常痛苦，每天需要注射吗啡才能减轻疼痛。为此，她每隔三个小时就要为他注射一次，无论白天还是晚上。

每次给哥哥注射时，她都会为男友祈祷。她希望男友不要遭受哥哥这样的命运，每天陪伴他的不要只有孤独和痛苦。可是，两个星期后噩耗传来，桃丽丝的男友战死沙场。正如桃丽丝祈祷的那样，他真的无须遭受像哥哥这样的痛苦，却从此再和快乐、幸福无缘。

从小和哥哥相依为命的桃丽丝，一下子就走入了人生的困境。此时，她刚刚到镇里的中学教授音乐课，面对陌生的环境和调皮的学生，她毫无办法。男友的去世和哥哥的病情，也成为她忧心忡忡的原因。

有时候，上课途中，桃丽丝就会接到邻居的电话，因为他们听到哥哥痛苦的叫声。每次桃丽丝都会马上放下手头的工作，赶回家给哥哥注射，然后再返回学校继续上课。有时候甚至连续一个星期，她每天需要往返家和学校三四次。辛苦的奔波让原本脆弱的桃丽丝变得更加绝望了。她曾经一度想过自杀，或者抛弃哥哥，离家出走。

在她最苦闷的时候，哥哥的冰淇淋给了她希望。哥哥知道桃丽丝从小就喜欢吃冰淇淋，当他的腿不那么疼的时候，他就将牛奶放在窗外，让它结冰，然后做成妹妹最爱吃的冰淇淋。每当闹钟响起，桃丽丝会先为哥哥注射，然后享受窗外美味的冰淇淋。

为了不去想那些烦恼，桃丽丝让自己变得更加忙碌起来。除了每天为学生上课之外，她还申请了社区的兼职。这样，原本每天只有8个小时的音乐课变成了12个小时。忙碌的生活让桃丽丝没有时间想什么是痛苦，什么是伤心。当她感到难过时，她还会一遍一遍地对自己说："我要一直向前走，只要我还能走路，还能吃饭，也没有患上大病，我就已经是世界上最幸运的人了。"

8个月后，哥哥的腿伤彻底痊愈，他安上了假肢，还在社区医院获得了一份工作。桃丽丝和学校的一位体育老师恋爱了，生命又重新恢复颜色。不过，桃丽丝还是会怀念那个时候的自己。"在我遭遇困境的时候，我变成了整个镇上最勇敢、最坚强的女人。"

那些从过去失败或痛苦经历中走出来的人，都习惯用"我学会了坚持""我没有放弃"解读当时的举动，事实上，这样的话并非真相。他们只是在当时的处境中对困难做出了自己的选择，是坚持还是放弃？如果最后证明这一判断是正确的，当事人便可以云淡风轻地谈论当时的感受，实际上，我们知道，他们不过是站对了边。

其实，困难的并不是选择的那一刹那，而是为了这一选择而付出的另一半人生。如果你选择了坚持理想，就可能过上几十年，甚至一辈子的清苦生活，同时失去平庸之下富足的日子和安逸的生活。如果你选择了本本分分，做一个安于现状的人，也可能一辈子都在为曾经那个不敢尝试的梦想揪心。

无论是坚持还是放弃，都需要付出双倍的勇气。在人生的路上，坚持是一种值得称颂的精神，黯然放弃同样值得尊重和敬佩。不过，坚持到底的声音常常更让人振奋，更让人看到前方的光明。

1940 年，欧洲的战事正酣。伦敦被德国轰炸后，整个英国都沉浸在悲伤、忧郁的情绪中。1941 年 10 月，时任英国首相的丘吉尔在剑桥大学做了他一生当中最精彩的演讲，也是他在“二战”期间的最后一次演讲。

那是剑桥大学的毕业典礼，校长本想请丘吉尔先致辞，丘吉尔却说：“不，我打算到毕业典礼结束前 20 分钟再讲。”当典礼进行到最后 20 分钟时，丘吉尔登上主席台，从容地脱下大衣，摘下帽子，默默地注视着台下的几千名学生。一分钟后，他只说了一句话“Never Give Up（永不放弃）！”在几分钟里，他不断重复着这句话，告诉所有人，不要放弃。随后，丘吉尔穿上大衣，戴上帽子，大步离开了会场。

一时间，整个会场鸦雀无声，几分钟的寂静之后，学生们才回过神来，一时间掌声雷动，大家纷纷站立起来，热泪盈眶，目送着远去的首相。

演讲的第二天，英国所有的报纸头版都引用了这句话。这句话也让迷茫的英国民众重新看到了希望，成为英国战胜法西斯的精神力量。

眼前的迷雾——迷路只是暂时的

当我们在人生道路上奋勇向前时，总有那么一两个时刻突然发现，“我迷路了”。迷失道路时的我们，一时间看不到自己的所在，也看不清脚下的道路，好像变成了升空的风筝，飘飘然飞到远方去了。

迷路的确是一种痛苦的经历。人生路上有很多岔口，有岔口就意味着有很多的选择。一旦外界的环境，比如名利、掌声或者困境影响了我们的内心，我们就难免会迷失原本的自我，偏离原本的人生轨道。

从另外一个角度看，迷路并非一件坏事。美国诗人贝里说：“当我们不再知道该怎么做，真正的工作才会开始，当我们不再知道该走哪一条路，真正的旅程才会展开。”有时候，承认自己正陷入迷雾，正走在一条迷失的道路上，我们才能更清晰地看见身边的世界，并且试图弄清楚自己的具体位置。

薛刚是一名从事电子行业的工程师，毕业后一直想要在电子行业有所作为，可是在这个行业摸索了几年之后，他却越来越不知道自己的未来是怎样了。

从学校出来后，作为一个没有任何工作经验，实际的动手能力也不强的新人，薛刚只找到了一家小公司，没有任何保障，工资也很低。从事研发的只有两三个人，都是像薛刚一样的应届毕业生。硬着头皮摸索了半年后，他觉得工作非常吃力，于是换到另外一家公司。

这是一家台资企业，能够为员工提供良好的培训和职业规划。薛刚欣喜地感觉到，他的人生准备正式起步了，于是他更加努力，培训的课程，无论是基础知识，还是实践操作，他从来都没有缺过课。

可是，好景不长。金融危机的到来阻断了公司的通路，也影响到了公司的培训课程。公司为了节省开支，像薛刚一样不满一年的新员工要么被裁掉，要么被分配到其他部门。薛刚躲过了被裁员的命运，却被分配到一个文职部门，从此再也没有设计研发可以做了。

薛刚再一次进入了两难的境地。毕业快四年了，没有真正学到什么东西，也没有真正设计完成什么作品，兜兜转转地又回到了原点，未来的道路不知何去何从。

其实，像薛刚这样的例子还有很多。许多毕业生都是带着头脑中美好的人生规划进入工作的，可是，生活中难免有些障碍会阻挡我们对美好的追寻。于是，我们开始感到迷惘，开始对自己的未来感到茫然，开始徘徊在命运的十字路口，不知道正确的方向在哪里。

当我们为了“我为什么迷路”“我怎么可以迷失方向”这样的问题苦恼时，不如干脆承认“我正走在一条迷失的道路上”。我们唯有先为自己的处境找到合适的定位，才能拥有重获方向的机会。

要相信，每个人都曾经迷路，而眼前的迷雾只是暂时的。如果我们能放开胸怀，坦然接受眼前的一切，或许最后就像德索萨说的那样：“到最后，我豁然领悟，这些障碍就是我的生活。”

在汪洋的大海里，有一只不甘平庸的虾。它看到红蟹身上的颜色特别漂亮，在太阳底下还泛着光，很是羡慕。于是，虾问红蟹说：“我怎样才能像你一样穿上一身红衣服呢？”红蟹告诉它说：“这个简单，你只要常常跑到沙滩上晒晒太阳，当强烈的阳光照耀着你的脊背时，就会呈现出好看的红色了。”虾听后兴奋不已，一个跳跃就到了沙滩上，学着红蟹晒起了太阳。结果，它被太阳晒死了。

有时候，我们是不是也和那个羡慕红蟹的虾一样呢？对美好的追寻，对荣誉的向往，让我们偏离了属于自己的人生道路，迷失在一片炽热而伤人的沙滩里。

《穿普拉达的女王》被印度翻拍时，原本时尚杂志编辑部的故事变成了模特和T型台的故事。

一个来自乡村的姑娘，不顾家里人的反对，只身一人来到了孟买。她的梦想是成为世界名模。在孟买，她没有钱，没有背景，更没有人际关系，一个模特的梦想看起来是那么脆弱。

经过了给当红模特做陪衬的日子，经过了在时尚聚会上的点缀生涯，经过了遭遇困难和被人奚落的过程，最终，一个有钱人的赏识让她实现了自己的梦想，成为模特界的NO.1。与此同时，她在默默努力的过程中，也收获了青涩的爱情，认识了一群真诚的朋友。

可是，当她开始享受成功时，却渐渐迷失了人生的方向。为了出人头地，她抛弃了爱情，背叛了朋友，成了有钱人的情人。当她在繁华、美艳中头晕目眩时，却开始陷入了争宠、嫉妒的旋涡。

当失去一切的时候，她回到了乡下的家中，家人接纳了她，给她鼓励和支持。这时她才明白，只有家人才是最重要的。在家人的鼓励下，她重新找回了自己，并且重新回到了T型台，实现了自己的理想，成了世界名模。

迷失道路是如此的容易，但原谅自己和找回自己总是难上加难。几乎每个人都要经历一段过程，或许是在刚刚接触一个全新的世界时，或者是在遇到了工作上的困难时。不过，这都没有关系。迷路只是暂时的，迷雾总会散去，太阳会照常升起。

循序渐进——通过小进步来保持自信

有一位能力超强的保险业务员，用了5年的时间，从一个对保险一无所知的门外汉，发展成为保险公司的大区经理。他的所有成就，都来自饱满的自信心。

他的自信心，来自生活中的每一个细节。每天早晨出门前，他都会在衣柜里选出最得体的一套西装，然后在镜子前整理好自己的妆容，检查皮包和鞋子的整洁度，对着镜子说："你是最棒的保险业务员。"

面对潜在客户时，他喜欢用肯定的语气推荐公司的产品，以此证明自己的专业性。事实也的确如此，他用所有的业余时间来研究保险的业务清单和保险行业的发展。在充分准备的情况下，针对客户的要求提出自己的建议。

当他最终成为行业内的精英，到各个分公司举办培训和演讲时，很多人都问过他这样的问题："是什么让你取得现在的成绩？"他回答说："在每一个细节上的自信。"

自信心，可以在言谈举止中给人带来力量，也可以在平凡小事中给人希望。在平常的工作和生活中，没有许多成功的大事来增强我们的自信心，于是我们需要循序渐进，通过每一次的小进步，来保持自信的状态。

通用的前CEO韦尔奇曾有句名言说："所有的管理都是围绕'自信'展开的。"凭着自信，韦尔奇在担任通用电气公司首席执行官的20年中，显示了非凡的领导才能。但是，他并不是从小就拥有了作为领导者的自信，而是在后天的成长中，一点点积累起来的。

韦尔奇个子不高，而且口吃。因为说话口齿不清，所以经常闹笑话，身边的朋友都嘲笑他。为此，韦尔奇的妈妈鼓励他说："这是因为你太聪明，没有任何一个人的舌头可以跟得上你这样聪明的脑袋。"于是，他从小一直相信：我的大脑转得比别人的舌头快。在这样的信念之下，韦尔奇从来没有在意过这一缺陷，相反，他常常自信地觉得自己是班里最聪明的小孩。后来，当韦尔奇任职通用时，甚至有人对韦尔奇开玩笑说："杰克真有力量，真有效率，我恨不得自己也口吃。"

读小学时，韦尔奇酷爱体育运动。虽然个子矮小，他却报名参加了篮球队。他的身高只有其他队员的四分之三，这却丝毫没有影响韦尔奇的运动热情。因为妈妈曾经对他说过："你想做什么就尽管去做好了，你一定会成功的！"韦尔奇在篮球队里度过了愉快的小学时代，直到几十年过去，他才从当初的球队合影中看到，原来自己是整个球队中最弱小的一个。

我们常常会看到一种人，一个长得并不算美的女子，或者个子并不够高挑的男子，远远地走过来，一眼看上去却给人一种美的感受，有时甚至让人感觉惊艳。其实，这美丽正是来自自信。

自信是一种心理素质的内在反应，也是一种日常修养的良好再现。当我们每天对着镜子说“你真棒”时，内心的变化一定会体现在脸上，让整个人看起来意气风发，英气逼人；相反地，如果每天对着镜子说“我为何这么丑”，时间久了，原本自信的人也会渐渐颓靡，自此消沉下去的。

聪明的人，能够将生活中的每一次机会都拿来培养自信。让自己时刻活在一种自我激励的良性循环中，不断对自己进行积极的定位和评价。这样的我们才能永远向着阳光，永远带着一颗坚强而自信的心，快快乐乐地生活。

强壮心脏——不要害怕批评

所有人都会重视别人对自己的赞美。当有人对自己说些好听的话时，都会不自觉地在一瞬间心花怒放。可是，无论一个人是否具有强烈的自尊心，都不会愿意听见批评自己的话。比如同事有一天告诉你说“你的裤子太瘦，显得屁股很大”，或者老板突然找你谈话，告诉你说“你的头脑不够灵活，根本没有做股票的天赋”，任何人心里都会不好受的。

但是，这些批评往往基于一个已经存在的事实，比如你真的很胖，或者你的工作业绩的确很差。批评的内容虽然是否定的、负面的，我们仍然需要直面可能的批评，因为它们往往很中肯，而且一针见血，让我们有机会了解自己的不足，从而努力改正。

乔是一家网络公司的计算机专家，也是技术部的主力。公司中任何关于计算机硬件软件的大事小情，都要请他帮忙解决。因此，公司里每一个人都对他推崇有加。可是，年终绩效评估后，他却悄悄地离职走人了。

原来，由于同事们对他的依赖和赞美，他开始享受这种被人拥戴的感觉，忽视了自身的缺点，也放任了自身的懒惰。当交给他的项目没能按照规定的时间完成时，乔总是会推脱说“我在帮助小王的时候耽误了时间”“每天都有许多事情找我，没法专心啊”。如果没有领导监督，他甚至会在上班的时间打网络游戏，还美其名曰：劳逸结合。

在年终绩效考核时，乔懒散和拖延的毛病被人事经理指了出来，项目经理非常生气，他对乔说：“我很抱歉，看着你从一个计算机专家变成了一个懒汉，如果继续下去的话，你可能会变成一个彻底的笨蛋。”项目经理扣发了乔的年终奖金，并要求他利用圣诞假期的时间将剩余的项目完成。始终被同事称赞的乔从来没有受过如此严厉的批评，一气之下，乔决定辞职走人。

其实，当他人在批评我们时，往往是针对具体的某一件事，而不是针对个人。就像我们在批评他人的时候，如果不是恶意的人身攻击，那就只是针对某一件事的看法。所以说，当别人批评我们时，如果不是无理取闹，我们大可不必像乔那样冲动行事，为了受到伤害的自尊而感到愤怒。在回应批评之前，或许我们可以耐心地让自己平静下来，仔细地审核一下这个批评的价值，然后再做出决定。

墨理是一家制造公司的销售经理，手下带着一个偌大的销售部，几十号人的员工团队。始终自信满满的墨理一直对自己严格要求，从来没有被上司挑过毛病。可是，新来的运营经理却告诉墨理说："你的交际能力不够强，根本无法和潜在客户打成一片。"

墨理的第一个反应就是上司无理取闹，而且这个意见既浅薄又空洞，根本毫无说服力。不过，这个批评毕竟是墨理任销售经理以来受到的最严厉的批评，事后好长一段时间，墨理都陷入了否认和郁闷的状态之中。

反思了一段时间后，墨理最终改变了原本的看法。虽然他很不情愿承认，但是他已经不把上司的话想象得那么令人痛苦了。至少，上司的话提醒了墨理，让他看到了一个自己忽略掉的地方。他问自己："交际能力对我目前的工作很重要吗？""我是否愿意为了工作，让自己勉强地出现在社交酒会上？"思考过后，墨理终于明白了：如果要完成新一年的销售计划，到各种社交场合挖掘客户是必不可少的；但是他又不愿意委屈自己的性格，让自己变成一个乐于交际的人。最终，墨理递上了职位调动申请，换了一个不需要交际，同样得心应手的工作。

俗话说，良药苦口，忠言逆耳。批评的话说得再委婉，依旧会让人感觉心里难受。大多数人也像墨理一样，第一个反应就是否定。无论对方的评判有没有道理，都认为那是无中生有，甚至是针对个人的挑剔。还有一种反应就是像乔那样，直接用行动表示愤怒，抬腿走人。

面对批评，我们不需要马上做出回应，或者马上表达自己的态度。将批评接受下来，然后慢慢地思考其中的道理。如果对方说得有理，大可细致分析其中利害，然后做出理智的决定。如果对方的批评纯属无稽之谈，将其扔到一边就好，何必理它呢？

笑对失败——随时准备重新开始

人生的道路漫长而曲折，一生当中也充满着成功和失败。顺境和逆境，幸福和不幸，往往都是同时存在，兼容并包的。顺境常常让人感到欣喜和高兴，逆境也不是一定悲伤和痛苦。笑对失败，带着一种轻松、随意的心态看待生活中的挫折，或许比成功带来的喜悦更加难得。

拿破仑·希尔的 17 条成功法则中，有一条就是“笑对失败”。因为他深信：“失败”是大自然对人类的严格考验，它借此烧掉人们心中的“残渣”，从而使人类这块“金属”变得更加纯净。

德摩斯梯尼是古希腊最有名的演说家。人们都称赞他知识渊博，口才绝佳。因此，德摩斯梯尼的每次演说，都能征服听众的心。可是人们并不记得，这样一位出色的演说家，曾经是一个说话不流利、发音不标准的口吃者。

德摩斯梯尼从小就喜欢学习，对各类知识都颇有兴趣，他的愿望就是成为一名演说家。可是，当他第一次登上讲台的时候，原本平静的听众一下就躁动起来。人们大声地批评着这位口吃的演说者，有的人甚至大声喊着“下去，下去”。

德摩斯梯尼知道自己失败了，可是他没有灰心，相反，他下定决心一定要克服自己的弱点，成为一名优秀的演说家。

为了训练自己的声带和肺活量，德摩斯梯尼每天早晨会上山跑步，用一边爬山，一边呼喊的方式练习演说。爬到山顶时，他还会将树木和山林当成观众，对着空旷的远方大声地演说。除此之外，他还经常去看话剧，认真地研究演员在台上表演时的姿态、手势、神情。回到家中练习时，他就模仿演员的动作，在演说中注入自己的感情。

他在纠正口吃毛病的同时，也没有忘记继续看书学习，积累各种知识。与之前的默读不同，德摩斯梯尼选择了朗读的方式，将书本的内容高声地读出来，一遍又一遍，直到读得口齿清楚，发音正确为止。

当德摩斯梯尼再一次登台时，他的声音洪亮、口齿清晰，完全征服了台下的听众。当他演说结束时，全场掌声雷动，热烈欢呼。德摩斯梯尼也从一个口吃者变成了一个富有魅力的演说家。

可以说，成功对每个人来说都是一件幸运的事，失败对每个人来说却是一件普遍的事。成功地完成一部作品，成功地开发出一个软件，成功地学会一门外语，都是在经历了无数次失败后的所得。因此，在迎接成功之前，我们更应该学会笑着面对失败。

谈迁是我国明清时期的历史学家。他从 29 岁便潜心著书，历时 27 年，终于完成了《国榷》这部近 500 万字的巨著。然而一天夜里，他家被盗，丢失了许多名贵物品不说，《国榷》的书稿也不幸丢失了。几十年的心血毁于一旦，谈迁肝胆欲裂。

不过，他并没有在悲伤和抱怨中度过余生。不久后，谈迁冷静下来，又从头开始写起。9 年后，他终于写成了这部传世巨著。书稿比前一次更加完美。

无法接受失败的人，往往因为他们过于脆弱，纠结于过去的所得和拥有，不愿意接受失败的事实。否认、逃避、放纵都不是面对失败最佳的状态，反而会让自己始终处在失落的情绪中，无法自拔。其实，如果失败和成功同样占有 50% 的概率，我们能满心期待成功，为何不能笑对失败呢？

许晨毕业两年后，带着工作中仅有的一点积蓄，只身来到了年轻人的梦想之地——上海。初来乍到的他，和朋友租住在即将拆除的公寓里，每天为了工作和生活奔波。一切都是那么美好，却又那么凄凉。

找工作屡屡碰壁，生活马上就要难以为继，家乡的父母还在催他回老家，所有糟糕的事情都碰到了一起。面对在梦想之地的窘境，许晨对自己说："大不了就回老家，两年之后再来。"第二天，他接到了一家科技公司的面试邀请。

顺利地通过了激烈的考核，许晨开始了在上海的生活。高速的生活节奏和紧张忙碌的工作，让他每天分身乏术。不过，他仍旧凭借出色的技术在第一年的年终考核中留了下来。

转眼到了第三年，许晨第二次被列入中层干部的培养名单。上一次因为下属的失误，造成了软件测试时bug过量，许晨失去了审核的机会。这一年中，许晨都在做技术把关，极力地避免重蹈覆辙。同时，他依旧带着最低的心理预期，对自己说："大不了再来一年，我随时都能重新开始。"很幸运，许晨通过了最终的评估，顺利升任公司的技术总监。

当许晨在上海工作了十年后，他动了创业的念头。此时，他刚刚结婚不久的妻子怀孕待产。他和当初一起来到上海的朋友商量了一番，便开始注册公司，选办公室，招聘员工。妻子担心地说："金融危机刚过，创业的风险太大了吧？"许晨说："没关系，大不了从头再来，我是两手空空来到这，最多两手空空回老家。"

两年后，许晨的科技公司渐渐走入正轨，两个人的世界也变成了幸福的三口之家。这些都得益于他"随时准备失败，大不了从头再来"的乐观态度。

峰回路转——等待谷底反弹的机会

他出生在一个普通的家庭，父母以经营旅馆为生。大学毕业后，他没有继续学业，而是找到了一份杂志社的工作。随后，他带着成为作家的远大梦想，开始在报纸上发表文章。几年过去了，他一直在撰写新闻和评论类的文章，在报纸的豆腐块中，尽力压缩着自己的野心。

27 岁那年，他出版了一篇评论集《尼采教了什么》，他在书中详细地撰写了尼采的生平，并且对尼采的书籍进行评论。可惜，作品出版后反应平平。他既没有赚到钱，也没有获得预期的名声。他一下子消沉了下去，对自己也失去了信心。

后来，性格乖张的他被杂志社开除，从此开始了彻底的沦落。他四处求职，却屡屡吃闭门羹。身上的钱已经花得差不多了，工作却还是没有着落。就在他越来越潦倒的时候，人生中的灾难再次降临——他病倒了。

医生说，他的病短期内无法痊愈，需要经过长期的住院观察。这一次，他彻底绝望了。日子一天天过去，他的病情却不见好转。他每天躺在床上什么都不做，胡乱地思考着过往二十几年的人生，无论如何都理不出头绪。有一天，他无所事事，便随手翻开了几本推理小说来打发时间。这一看，从此就沉浸其中。

两年后，他病情痊愈，顺利出院。在收拾行李的时候他才发现，原来他已经读了两千多册推理小说。在潜移默化的影响下，他开始尝试写推理小说。不久之后，他就写好了初稿。他将书稿战战兢兢地交给了一位编辑，没有抱太大的希望。所有人对这本书都没有过多的期待，让人感到意外的是，这篇小说竟然大受欢迎。

这篇小说就是范·达因的推理处女作《班森杀人事件》。随后，范·达因创作的《菲洛·万斯探案集》，成为世界推理小说史上的经典巨著。他本人也因为对推理小说的重大影响，被誉为美国推理小说之父。

从范·达因的经历看来，贫穷、失业、患病，似乎都不是坏事。许多时候，当人生跌入谷底时，人才能够真正地远离喧嚣，真正地看清自己，知道自己想要什么，想走什么样的路。沉静地思考过后，我们才能在重新启程后，不再人云亦云，不再随波逐流，坚定想要的方向，直到达成目标为止。而这段人生的低谷，就变成了一次转折，让人生换上了新的颜色。

乔治·巴顿说过："成功是你坠落到底时反弹的高度。"陆游也曾写过："山重水复疑无路，柳暗花明又一村。"当我们的能力不再被他人相信，当我们遭遇事业的瓶颈，当我们在一瞬间失去了身边所有的支持……不用害怕，只需要在这难得的沉静中慢慢思考，终有一天，会让我们找到谷底反弹的机会。

1997年，在外“漂泊”12年的乔布斯重新回到苹果公司，不计前嫌，开始挽救垂危的苹果。

乔布斯大胆决断，将产品的项目从原来的15种降低到4种，继而将苹果重新定位为家庭计算机。当时，苹果公司正控告微软侵权，两家公司在这场官司里耗损巨大。乔布斯以公司的前途为首要考量，选择了一条最务实的解决办法：与微软和解，从而换取微软注资苹果的机会。

原本奄奄一息的苹果公司，经过乔布斯的管理后，渐渐有了起色。一年后，苹果公司推出iMac产品，上市后在美国和日本热卖，成为乔布斯回归后最漂亮的一仗。自此，苹果不仅渡过了财政危机，也让原本不足20亿美元的市值上升至520亿美元。随后，乔布斯推出了iPad和iPhone产品，不仅让消费者眼前一亮，更让苹果品牌成为年轻人心目中的神话。

回想当年，乔布斯曾因经济原因未能念完大学，在工作期间只能住在朋友家的车库，开创苹果初期，他和朋友没日没夜地工作，每个星期工作66个小时。直到公司遭遇经营瓶颈，他本人也被领导层扫地出门。

在人生最困难的一段时期，乔布斯才开始真正地思考，我到底想要什么？思虑再三后，他觉得自己还是喜欢计算机，喜欢在一段段程序编码中创造奇迹的感觉。于是，他重新开创NEXT

公司，继续在计算机领域寻找机会。

其实我们每个人都一样，无论是天才还是伟人，都有人生跌入谷底的时候。同样，每个人都有谷底反弹的机会。重点是，当我们走入困境时，永远不要忘了问自己，我到底想要什么？如果每一次的挫折和困境都能让我们更了解自己，我们是不是更要珍惜陷落的机会呢？

何必纠结过去——有一种态度叫放手

艾伦是一个多愁善感的小男孩，他常常为了自己犯的错自怨自艾。他总是想："如果我考试前多看点书，那该有多好啊！""如果我从来没有说过伤害艾米的话，那该有多好。""如果去年夏天我没有生病，就能够跟随姑妈到夏威夷过暑假，那该有多好。"

一次，艾伦在实验室里打碎了一个培养皿，虽然没有造成危险，艾伦却陷入了深深的自责里，闷闷不乐好几天。给艾伦上实验课的老师鲍勃观察到艾伦的反常，于是在实验室里给艾伦上了一堂"人生教育课"。

鲍勃在桌子上放了一瓶牛奶，艾伦没有猜到他的用意。突然，鲍勃将牛奶倒进了水槽中，然后对艾伦说："不要为了打翻的牛奶而哭泣。"接着，鲍勃将艾伦叫到水槽边，说："你看，现在牛奶已经漏光了，你即使着急、抱怨，也不能让它回来。我们应该做的就是将它忘掉，然后去想别的事情。"

在未来的人生中，艾伦虽然遇到了许多比鲍勃更优秀的老师，却始终记得他说的话："如果你能在事先预防，就不要让牛奶打翻；如果牛奶已经翻了，就试着将它忘记。”

“不要为了打翻的牛奶而哭泣”——这是一句古老的英国谚语，讲的正是不要为了过去无法改变的事而惋惜，更不要沉浸在对过去的悔恨中，反复咀嚼，不停懊恼。

莎士比亚说：“聪明的人永远不会坐在自己的失去上独自悲伤，他会高兴地去寻找治愈创伤的办法。”对于过去的失误、过去的坎坷，纠缠不如忘记。如果始终停留在过去的阴影中，当下的美好生活也要变成虚妄了。正如泰戈尔所说：“如果你为了错过太阳而哭泣，那么你将错过群星了。”

徐浩哲决定出走时，他已经是一个丈夫和父亲。不过，美满的婚姻并没有让他走出自责的深渊，同时，对于家庭的责任感也让他觉得更加辛苦。一切痛苦，都来自多年前的那起车祸。

那年徐浩哲 20 岁，刚刚拿到驾照的他，开着爸爸的车子飞快地行驶在公路上。初次上路，激动兴奋的心情让他忽视了路面的情况，当两个小女孩从公交车尾部走出来时，他根本没有看到。事情发生后，他在看守所待了两个星期，等他赶到医院时，一切都来不及了。

从此以后，他陷入了深深的自责中，无法面对死者的家属，也无法面对以后的生活。一段时间，他每天都被内疚和自责折磨着，把自己关在房间里，不见任何人。

好哥们的妹妹敏之在车祸后给了他极大的关怀，并且愿意陪着他留在外地工作。最后，他们结婚了。可是，车祸的内疚和自责依旧如影随形，他知道，因为对过去的耿耿于怀，他忽视了眼前的幸福，对妻子和孩子的关怀也不够。但是他没有办法控制，就像他无法控制因为抑郁而不断飙升的体重一样。

当经营的培训公司倒闭后，徐哲浩决定开始他的全国行。他想出去走走，给自己的灵魂找一个落脚之处。本来担心妻子会觉得他的想法太疯狂，没想到敏之非常支持他的决定，并且主动帮助他准备路上需要的设备和食物。

他没有做出行计划，只拿着一张全国地图，开着车就出门了。在远离高速的乡村小路上，他遇到过断水的难题，也遭遇到风沙弥漫的天气。长路漫漫之中，他有时候甚至希望迎头过来的车辆将他撞死，让他能够彻底地解脱。

三年中，徐哲浩只有过年的时候回过家，其他时间都在路上。他像一个浪子一般将自己放逐在广袤的大地上，感受孤独、无助和内心中翻腾的故事。他甚至想，就这样一直走下去吧，走到老，走到死。

突然有一天，他想起了家中刚满 5 岁的儿子。也许他会在旅途中因为饥饿或者疾病而死掉，彻底从那个遥远的噩梦中解脱出来。可是那时候，敏之会因为失去丈夫而受到伤害，儿子会因为失去父亲受到伤害，所有的家人都会因此而生活痛苦。为了不再给身边的人带来痛苦，徐哲浩决定回家。他要健康乐观地活下去，为了自己的亲人，更为了那些死去的人。

徐浩哲用长达三年的孤独行走，摆脱了折磨他十几年的梦魇，最后终于忘掉过去，勇往直前地开始了新生活。

每个人的人生路都不会是坦途，我们有时会遇上顺境，有时也会遇上逆境。即使是拥有大智慧的人，也会遇到不好解决的难题。我们要勇敢接受逆境的考验，学会积极地面对挫折，将阻碍和逆境都当成一种生命的过程。苦辣酸甜都有了，生命才真正开始丰盈。

第四章

张弛有度

在珍惜时间的同时，也不要忘了张弛有度，让行动有的放矢，让自己紧张的神经和忙碌的脚步更有效率，更有价值。

时间紧迫——浪费一分钟都是犯罪

在非洲广袤的草原上，清晨的第一缕阳光透过树梢，倾泻到大地上。此时，一只瞪羚从睡梦中惊醒。它想："新的一天又开始了，我要抓紧时间跑。如果被猎豹发现了，就可能没命了。"于是，瞪羚起身朝着太阳升起的地方跑去。

在瞪羚醒来的同时，远方的猎豹也惊醒了。它向着太阳眨眨眼，抖落了满身的尘土。它想："昨天捕猎失败，今天一定要寻到猎物，填饱肚子，否则再过几天，我就饿死了。"于是，猎豹开始小跑起来，在草原中寻找瞪羚的身影。

随后的几个小时里，瞪羚一边耐心地咀嚼着鲜嫩多汁的草茎，一边提防着猎豹的偷袭。猎豹则远远地躲在草丛中，等待瞪羚防卫懈怠的时刻。

一瞬间，草原上开始上演经典的追逐画面：猎豹起身进攻，紧紧地追赶着瞪羚，瞪羚飞身跳跃，朝着远方拼命地奔跑。它们各自向着自己的目标努力着，逃命或者捕获。在它们身后，扬起了滚滚的黄尘……

它们的追逐只有两种结果：如果瞪羚快，猎豹就会饿死；如果猎豹快，瞪羚就会被吃掉。与其说这是速度上的比拼，不如说是时间上的较量。或许仅仅在10秒之内，就能够决定猎豹和瞪羚的生死。

在动物界，到处充满了时间上的竞争。帝企鹅需要在恰当的时期交配、产卵、将后代养大，否则小企鹅在春天时羽翼未丰，只能留在陆地上等死；阿拉斯加的雌性鳜鱼则要在鱼卵撞破肚皮之前，逆流而上，飞跃瀑布，将它们的后代产在自己的出生地，否则它们几个月来的孕育就是一场徒劳。

对于动物来说，时间就是生命，每分钟都决定着某一个个体的生死。对于人类来说，时间或许不能决定生命，它却像黄金、财富一样，决定着我们的生命价值。

在本杰明·富兰克林的书店门前，一个人已经徘徊了将近一个小时。后来，他指着一本书问店员说："这本书多少钱？"店员回答道："1美元。"那个人说："能不能便宜一点呢？"他得到的回答是："就是1美元，没法儿再便宜了。"

看得出来，他非常想买那本书，但是他还是将书放回了书架上。他又徘徊了一会儿，问道："富兰克林先生在吗？"店员回答道："在，但是他正在印刷室里面工作。""那么，我想见他。"那个人继续说。

于是，店员到印刷室将富兰克林叫了出来。门口的人看见富兰克林缓缓地走到门口，问道：“富兰克林先生，这本书的最低价钱是多少？”富兰克林坚定地回答说：“1.25 美元。”“怎么会是 1.25 美元，你的店员刚才还说是 1 美元呢？”富兰克林说：“是的，但是你耽误了我的工作时间，所以你要赔偿我的损失。”

那人非常吃惊，但是他想要尽快得到准确的答案。于是他再次问道：“好吧，先生，你再说一次，这本书的价钱是多少？”富兰克林说：“1.5 美元！”“为什么又变成 1.5 美元了，刚才还说是 1.25 美元呢？”那个人惊讶地问。“没错，你一直在浪费我的时间，这个损失远超过了 1.5 美元！”富兰克林回答道。那个人没有再说什么，将钱放在柜台上拿着那本书离开了书店。

上帝是公平的，给予每个人一天 24 个小时，可是，每个人用这同样的 24 个小时创造的价值却不一样。感觉到时间紧迫的人，利用煮咖啡的时间、工作安排的空当、等待上菜的时间做想做的事；散漫的人则在早餐前闲聊，在午餐时间和同事八卦娱乐新闻、在地铁上茫然地看着窗外的广告牌。

不懂得时间宝贵的人永远无法意识到，生命如此有限，每一分钟都会有奇迹产生。那些在茶余饭后无所事事的人，最后只能对着在充实中成功的人瞠目结舌。

“电话之父”亚历山大·贝尔在研制电话时，另一个名叫伊莱沙·格雷的人也在研究，并且两个人同时取得突破。但是，贝尔最终赢得了电话专利的注册，从而一举成名，誉满天下。

他们之间的差距，仅仅只有两个小时。因为贝尔早两个小时到专利局注册，而在那之前，他们甚至不知道彼此的存在。虽然是无心之差，却从此决定了两个人的命运。

鲁迅说：“浪费自己的时间等同于慢性自杀，浪费他人的时间则是谋财害命。”时间给了每个人相同的机会，却在不同人的手中创造了不同的结果。勤奋的人收获了智慧和力量，懒散的人收获了懊恼和悔恨。

“逝者如斯夫，不舍昼夜。”珍惜时间吧，一切都在消逝中，还有更宏大的消逝要到来。

有的放矢——让自己忙得有价值

李美高中毕业后，就和大她 8 岁的男友结婚了。婚后，她在家里做全职太太，悉心照料丈夫的饮食起居。可是，3 年之后，丈夫跟她提出了离婚。几经纠缠之后，李美最终签署了离婚协议。虽然分得一半的房款和汽车，她却不得不开始过自食其力的生活。

李美没有学历，也没有任何技术，找工作难免碰壁。最后，在亲戚的介绍下，她到了一家房产公司做行政助理。虽然她是一个经历过婚姻的女性，但从年纪来看，不过是二十岁出头的小姑娘，她对周围的一切充满新鲜感，工作上也非常有热情。

李美进入公司不到一个星期，却成了公司里最忙碌的人。助理的工作虽然始终是操持一些办公室的琐事，但还不至于让员工忙得脚不沾地。可是，李美却近乎陷入了抓狂的工作状态。李美的桌子上堆积着各种需要打印分发的文件；昨天的会议记录也没有整理；二楼的交换机坏了，却迟迟不见维修工人上门；眼看着马上到月末，人力资源部催着要考勤表，李美则一边在微博上抱怨，一边笨手笨脚地摆弄着打卡机……

在外人看来，李美的生活忙碌得不可开交，只有她自己知道，一天之内她能顺利地完成两件事就已经很不错了。有时候，她还要把工作带回家里做。辛辛苦苦地工作，薪水却只有一点点，到了月底，看着一张张的信用卡账单，她又要为房租水电发愁了。

当生活节奏越来越快时，每个人都在人生中的某一阶段忙碌着。可是，你有没有问过自己，如陀螺般旋转不停的生活，到底是“忙”碌，还是“盲”碌呢？

在忙碌的人流中，有这样一群“穷忙族”。他们一样每天忙忙碌碌，似乎一分钟都没有停歇。可是，如果过了一段时间，你问他们达到了什么样的目标，他们总是不明所以地搔搔脑袋，一个都答不上来。根本的原因，并不是他们的时间不够，而是他们的忙碌根本没有目标。

《韩非子》里面有这样一个故事：惠子说：“神箭手后羿戴着袖套，拿着钩拉弓弦的皮套，马上要引弓射箭时，即使是最怕死的越国人也会争着帮他举箭靶；当一个孩子想要拉弓射箭时，即使最爱他的母亲也会躲进屋里，关上门窗。”

其中原因为何？如果是能够对准目标的人，就算怕死的人也不会担心他会射到自己；而那些心中没有目标，根本没有能力射中的人，就算慈母也会选择逃避，担心被乱飞的箭射中。

那些“穷忙族”，就像想要拉弓射箭的孩子一样，发出去的箭没有一个明确的目标。虽然一样在工作，有时候甚至比其他人更努力，更不分昼夜，更废寝忘食，但是，他们的生活却只能维持在温饱的基本水平，永远徘徊在“月光族”的恶性循环中。

同样是忙碌，为什么不让自己付出的努力更值得？为什么不让自己忙得更有价值呢？一样是忙碌，目的明确的人能够定下自己的目标，时刻拿出来检查和激励自己，让自己每一天的成就都向着最终的目标发展。

很久以前，有一匹白马和一头驴子。它们出生在同一个农户家里，从小一起长大，长大后一起工作。后来，这匹白马被唐僧选中，于是它就驮着唐僧去往西天取经。驴子则在家里每天戴着眼罩拉磨。

十几年后，白马取经回来，向驴子讲述了取经道路上的各种奇遇。驴子特别羡慕白马能够走出十万八千里的距离，还踏足过各种不同的国度。白马说：“其实，这些年来，我们走过的路程几乎是一样的，只不过我是朝着目标一直往前走，而你始终在原地转圈而已。”

试问，每天奔波在地铁里，消散在人群中的上班族，有多少人是朝着一个目标一直往前走，又有多少人像驴子一样，整天闷着头原地踏步呢？

哈佛大学曾经对一群年轻的学生做过一次跟踪调查，结果发现，在这些年轻人中，只有 3% 的人拥有清晰的长期目标；10% 的人拥有比较清晰的短期目标；60% 的人目标模糊；27% 的人根本没有目标。

多年后，那些具有清晰长远目标的人始终为实现自己的目标而努力，并且成为社会各界的顶尖人士；那些具有清晰短期目标的人，则成了各行各业的专业人士，比如医生、律师、工程师等。他们占据着社会的中上层，并且在实现新的短期目标；目标模糊的人基本能够安稳地工作和生活，但是没有什么特别的成绩；剩下那些完全没有目标的人，则生活在社会的最底层，经常处于失业状态，甚至需要靠社会救济维持生活。

无论是工作中，还是生活上，目标都可以作为一个箭靶，给我们提供行动的方向和指南，让我们的生活忙碌而充实。在每一次的行动后，都能对比着目标，检查自己是否偏离了人生轨道，直到最后达成目标为止。

一个没有目标，却整天忙碌的人，最后只会让自己昏头昏脑地做着无用功，像那只原地踏步的驴子一样，付出了汗水，却得不到什么收获。最明智的方法，就是现在拿出纸笔，为自己的人生寻找一个目标。即使你没有远大的理想，一个短期内的微型计划也可以。三个月内减掉肚子上的肉或者半年内学习一门外语——带着目标去行动，相信每个人都会成为那匹经历丰富的白马。

积极向上——及时消除负面情绪

童骁搬到广州之后第一次到姐姐家吃饭，就被姐姐的处事方式吓到了。

那天是姐夫掌勺，做了童骁最爱吃的糖醋鲫鱼。姐夫一边和童骁聊天，一边照顾着锅里的菜，一不小心，多倒了两勺醋进去。站在旁边的童骁都没有在意，姐姐却立马暴跳如雷，她对姐夫吼道："你看看你，还露什么厨艺呀，连这么一点小事都做不好。"随后，两人就你一句我一句地争执起来。

吃饭时，姐姐依旧不依不饶，对着大家抱怨说："他永远是这样，做什么事情都三心二意，做什么事情都不用心。"童骁知道，姐姐说的有道理，不过这样没完没了的抱怨还是影响了他的食欲。童骁不禁感慨，这样的夫妻怎么能在一起生活了十几年？如果是我，宁愿不吃那份精致的饭菜，也不要娶一个如此啰唆的老婆。

我们时常因为生活中的一些小事烦恼不已，有时还会搞得自己很沮丧，丢掉原本的大好心情。实际上，那些令人烦恼的事情一般都是微不足道的小事，如果不特别提醒，根本不会有人注意。我们之所以烦恼，完全是因为过分夸大了其中的负面情绪，将一个原本微小的气泡，变成了笼罩我们的大气球，时刻忍受着爆破的恐惧。

其实，如果我们改变自己的态度，将那些引发负面情绪的事情直接过滤掉，我们的生活会充满阳光和欢笑，我们也能够更轻松地享受生活。正如狄士雷里所说："生命太短暂了，不要再顾虑不开心的事了。"

李野最近不知怎么了，总是莫名其妙地觉得烦躁，觉得累。他刚刚接了公司的一个新项目，想想就开始发愁。新项目来了，就意味着他又要过3个月人不像人、鬼不像鬼的日子了。

不知是过度焦虑，还是对生活混乱的恐惧，他现在一睡觉就做梦，哪怕是在沙发上小憩一会儿，也会陷入程序代码的海洋里。他的大脑飞速运转，想停都停不下来，他感觉自己就像一台机器一样，上班的时候，大脑在工作，在家休息的时候，大脑仍在工作。

以前，但凡周末的时候，他都会约上几个朋友出去逛逛，吃饭唱歌，放松一下。可是最近他不喜欢出门，即使是到超市购买食物，对他而言都变成了一件辛苦的差事。连朋友都说他："老板不是很器重你吗，最近怎么一直唉声叹气的？"果然是情绪低落，连身边的朋友都看出来了。

其实，李野一直自认为是自我调节能力很强的人。做项目本来工作压力就大，技术部已经走了两个新人了，他还能继续坚持，已经证明他的心理素质够强大了。以前疲惫的时候，李野只要稍微调整一个小时，就能重新找回工作状态。可是现在，看着镜子里那个无精打采的人，眼睛睁不开，一副没睡醒的样子，就像倒霉之神附身了一样，他真的有点不认识自己了。

有时候，我们也会遇到这种情绪瓶颈期。工作上遇到困难，和同事闹矛盾，遇到突发事件，如盗窃和抢劫，都会让原本高涨或平和的情绪陷入低谷。即使生活中没有意外的事情发生，人本身的情绪周期也会导致情绪随着时间发生变化。

无论什么原因，当我们遭遇负面情绪时，都不能一味地让自己沉溺其中，丧失了理智。其实，消除负面情绪是有方法，也是有技巧的。在情绪最低沉或者最高涨时，运用一些巧妙的方法可以将自己转移出来，从而避免沉溺其中，无法开解。

下面是一些消除负面情绪的方法。

第一，适当退让。所谓“忍一时风平浪静，退一步海阔天空”。当双方因为某件事争执不下、怒气难平时，如果一方能够从愤怒的情绪中抽出身来，避免火上浇油，便能够使对方的怒气消散，两个人的争执也不会继续升级。

第二，情绪转移。忧伤或者愤怒时，可以选择暂时离开引发情绪的环境。到其他地方寻求新的刺激，或者通过做其他的事转移一下注意力，这样可以冲淡兴奋的精神状态，或提振低迷的心情。

第三，难得糊涂。有很多喜欢较真的人，往往会放大负面情绪。遇到不顺心的事，要么借酒消愁，要么以牙还牙，将微不足道的小事演变成一场循环往复的苦楚和矛盾。在小事上糊涂一些，那些非原则性的矛盾就能够悄然化解，也会让自己从紧张的人际关系中解脱出来。

第四，自我解嘲。任何人都会有失礼、失态的时候。特别在意形象的人常常因为某一次的失礼或失态耿耿于怀，即使事情已过去很久，再想起来依然觉得羞愧难当。其实，适当地拿自己解嘲一下，将偶然的无知和狼狈解读成蓄意的幽默，变成娱乐大众的恶作剧，不失为一种缓解压力的好方法。

倾尽全力——能做100%绝不只做99%

在生活中拥有强大能量和坚强内心的人，往往都是从倾尽全力做好每一件事开始的。

大部分人都在期待生命中的重大转折。他们觉得，无论是职位的晋升，还是人生道路的转变，一定是通过某一次重大的事件开始的。其实不然，任何提升和转变都是从做好每一件小事开始的。

赵静在一家大型的建筑公司做建筑设计师。几年下来，她设计的作品屡屡投标得中，在业界迅速打响了名声。可是，在光鲜亮丽的荣誉背后，只有她自己知道，这些成绩是如何得来的。

公司接到项目之后，赵静常常要带着几个助手熬上一两个月，才能将一份完整的设计图纸交出来。投标成功后，她需要每天跑工地，盯现场，帮助老板修改工程细节，监督施工效果。

有时，上司会关照一下赵静，让助理设计师去盯现场，赵静却说："我要做的事，就一定要做到最好。只有做到100%才算是合格，99% 都是不合格的。”带着这种较真的态度，赵静监督施工的每一个工程都完美收工，并且从来没有发生过质检问题。

赵静曾经为一个房地产公司设计过办公大楼，后来那位房地产公司的老板回忆说：“当时我们在现场看全景，本来拍几张照片回去研究一下就行了。可是，她一个女孩子硬是走了两公里的山路，爬到了远处的一个山头，将周围的景观都细致地拍了下来。正是得益于她在山头拍下的那组照片，大楼的外墙最终从突兀的全玻璃墙身改为了金属结构的拼贴，从而和周围的环境更加契合。”

任何人的成绩都是通过每一次的全身心投入取得的。如果你觉得上司对你的要求太苛刻，总是能在你的工作中挑出毛病，如果你整天为了他人对你的纠错感到苦恼，毫无疑问，你就是不够认真，就是做得不够好。

你完全没有必要为了一份不够详尽的业务报表找借口，维护内心脆弱的自尊，更不应该满足于这种“还可以”的态度。否则的话，你早晚都会为自己敷衍了事的态度付出代价。

朱伟毕业后，进入了一家电子工厂任技术员。一开始，他工作努力又认真，努力改革车间的落后技术，还将自己的很多想法带入了工作中。老板非常赏识这位干劲十足的小伙子，一年之后，便提升他做了车间的主管。

可是，朱伟慢慢地松懈下来，不再像以前那样勤奋工作，对工作质量的要求也不再那么认真细致。因为主管的松懈，下面的员工也开始放松精神，生产产品时也是马马虎虎的。日子一天天过去，虽然老板并没有放弃对他的信任，但车间的生产热情却大不如前。长久的懈怠终究会导致问题，随后出现的一次订单事故，就让朱伟的问题彻底地暴露出来。

事情是这样的：老板从广州谈回来一笔订单，便放心地交给朱伟去做。客户非常爽快，只要在规定日期交货就可以。朱伟并没有将这份订单放在心上，每天还是慢悠悠地生产，既不督促员工，也没有及时检查员工的工作状态。

两个月后，老板向朱伟要足额的产品时，朱伟才开始着急。每天催促员工赶快生产。结果，由于日期催得紧，员工为了完成规定的数量，只好在质量上做手脚。当客户发现粗制滥造的产品时，顿时火冒三丈，退回了所有的货品不说，还要求他们赔偿误工费。

老板找到了朱伟，问他说："你一直以来就是这么工作的吗？敷衍客户，敷衍我？"朱伟自知理亏，并没有辩驳。老板接着说："你以为你不认真，是在敷衍工作吗？错了，你是在敷衍你自己，是在敷衍你的人生。"

朱伟随后被老板辞退，并且要求他负连带责任，赔偿客户的经济损失。原本一帆风顺的职业发展，就这样被他自己的随意态度搞砸了。

有很多人在轻松闲暇的工作中，养成了轻视工作、敷衍了事的习惯。满足于暂时的安逸和轻松，却不知道，这样做敷衍的正是自己的人生。

一个人可以在一个公司滥竽充数一年、两年或者五年，然后换到另外一家公司。或许老板需要经过一定的时间才能察觉你的不积极、不上进，但这种精神会始终伴随着你的生活。在往后的人生中，你还有多少年可以恣意挥霍、敷衍了事呢？

在工作上严格要求自己，倾尽全力地做好每一件事，并不是单纯地为了加薪、升职，而是用每一天的行动塑造行为习惯，经营我们的生活。无论你的工资是微薄还是丰厚，你的职位是高还是低，都应该让自己带着“能做100%绝不只做99%”的心态工作。当你真的将自己当成一个杰出的艺术家时，你一定不会成为一个平庸的工匠。

避免疲惫——身体是革命的本钱

第二次世界大战期间，时任英国首相的丘吉尔每天都要工作十几个小时，部署军队的兵力，指挥作战。高强度的工作和时刻紧绷的神经非常耗费体力，如果是一般人的话，恐怕早就病倒了。那时的丘吉尔并不是身强力壮的硬汉，而是已经年过花甲的老人，他是如何做到的呢?

原来，他每天的时间表很好地预防了身体疲惫的发生，让头脑在“休息—工作”的节奏中来回调节，在高效地处理过国事之后，还能有效地保持体力。

丘吉尔的工作从每天早晨开始。他会坐在床上工作到中午11点，主要看前线的报道，然后打电话，传达各种命令。有时候，他还会在床上召开紧急会议。午饭后，他会在床上休息一个小时，起来后继续工作。晚上8点吃晚饭，饭前他还会休息两个小时。利用这样短暂休息、高效工作的巧妙安排，他能够精力充沛地工作到半夜，因为他的身体已经在疲劳之前得到了充分的休息。

长期高强度的工作或学习，压力过大，忧愁烦恼，都会给人带来身体上的疲劳。然而我们都知道，身体是革命的本钱。工作非常紧急也好，梦想需要努力也罢，只有让身体处在一个良好的状态，才能保证一切照常进行。

当一个人出现体力不支、心悸头昏的情况时，需要及时地给自己放假。一旦身体出现不适，心理素质再好也无法表现出强大的气势。最好的方法，就是像丘吉尔那样合理地安排时间表，在身体尚未劳累时休息，当精神振奋时重新投入工作。如果能够在工作中找到休息的方法，那就更好了。

杰克是惠灵顿一家食品公司宣传部的经理。他负责市内所有商场的广告策划和宣传，并且和销售部有业务分账。每到圣诞节前夕，他都会感到异常劳累，被工作折磨得筋疲力尽。没完没了的会议和随着天气不停变化的现场情况让他焦头烂额，即使整个圣诞假期都在休息，他也无法从梦魇般的工作中走出来。

其实，圣诞前夕的销售战让所有人都感到疲惫，只是杰克的反应似乎更大一点。为此，他尝试过做瑜伽训练，吃维生素和其他营养品。但是，无论他怎样做都无济于事。

后来，父亲给了他一条建议，让他在每天的工作中给自己“放个假”。当他在办公室和其他员工开会时，可以不拘泥于形式，尽量让自己保持放松的姿态，如果可以，躺下来放松一下也可以。在忙碌的间隙，可以让自己在沙发上小憩一会儿，即使是二十分钟，也会大有帮助。

一年后，当杰克回家过圣诞假时，完全变了一个人。虽然经过了近两个月的辛苦工作，但他依旧保持着轻松的笑容。他说："连医生都说，这是一个了不起的奇迹。以前，每次我和员工开会时，都会紧张地坐在椅子上，几个小时下来，大脑如同糨糊一般。现在不一样了，我都是躺在沙发上听下属汇报内容，既没有影响工作，还能让身体得到及时的休息。"

忙碌的白领一族常常面对的问题就是坐、立的时间太多，没有时间运动，也没有时间躺下来休息。尤其是每天盯着电脑的IT族，从眼睛到手臂，从心脏到四肢，都处在一种疲惫的状态。那么，如何才能在工作中劳逸结合，保重身体这份革命的本钱呢？下面的建议或许是不错的选择。

第一，学会休息。睡眠是最基本，也是最重要的休息途径。人在睡眠时，各类器官的代谢活动都会降低，大脑皮层也由兴奋转为抑制，耗氧量减少，从而能够让身体积聚精力，促进细胞的恢复。可是，赶项目的上班族常常睡眠不足，头脑昏昏沉沉时还要继续工作。这时候就需要时不时地闭目养神。闭上眼睛，放空大脑，让高速运转的神经细胞暂停下来。短暂的休息虽然不能让身体彻底复原，却能够在一张一弛中，慢慢恢复能量。

第二，合理安排时间。在不同的时间里，一个人的工作效率和疲劳情况是有差异的。比如上午九点到十一点是效率最高的一段时间。一个星期当中，星期二、三、四是状态最佳的时期，星期一和星期五则比较懈怠，思维容易涣散。每个人也都有自己的能量时钟，根据这个时钟来安排工作，尽量让身体在最佳状态时做困难的工作，状态不佳时做轻松一点的工作。

第三，调节个人生活。除了非常时期，尽量不要将工作带回家。休息的时候将身体和大脑完全放空，放置在另外一个环境中。休息日除了保证足够的睡眠休息，还可以听音乐、登山、跑步、做 SPA，利用各种方式，让身体得到充分的修整和照顾。

宽恕别人——让斤斤计较不得近身

一家上市公司的总裁退休后，曾经接受记者的采访，讲述他职业生涯中的一些趣事。众所周知，他是一位倔强、坚持原则的人，年轻时候是，变成了孱弱的老人依旧不改本性。

记者问他："这么多年的商场打拼，你是否非常在意别人的批评呢？"他回答说："我年轻的时候的确如此。那个时候，我刚刚尝到成功的滋味，非常想要每个人都认可我，每个人都觉得我是一个天才，是个完美的人。可惜事与愿违，我的事业做得越好，就有越多的人出来指责我，挑我的毛病。于是，我就和他们针锋相对，所有对我不满的人，我都会想方设法为难他，在关键的时刻给他致命一击。后来，我对自己说，何必和那些人斤斤计较呢？只要我还是个天才，我还是个成功的企业家，就让那些不满的人指责我去吧。我只把精力放在需要努力的事情上。改变想法后，我获益匪浅。现在，我也会对我的孩子这样说——原谅那些人吧，你只要做好自己的事就行了。"

很多时候，无论我们做得对或者不对，做得优秀还是糟糕，总是会遭到他人的指责。当我们陷入低谷时，有人会投来轻视、无视甚至蔑视的目光，落井下石地说些风凉话；当我们为了梦想苦苦挣扎时，有人会“好心”地劝说，“耐心”地教诲，说“活在理想里的人是多么的愚蠢”。如果我们针锋相对地还击，或许能获得一时的释放，但在你来我往的计较中，我们也失去了理智，陷入了充满火药味的报复循环中。

以牙还牙的确是强者的表现，但是，损失自己的时间和精力与谎言和污名恶战，实在不是一种明智的选择。如果我们能用一种宽容的心态接受世界黑暗面的存在，任何邪恶的念头在强大的心灵面前都会败下阵来。

在美国的黄石国家公园，生活着一种大灰熊。它体型庞大，力量无穷，除了水牛和另外一种黑熊，它能轻易地击倒公园里的任何动物。但是，公园里的臭鼬却经常跑过来和大灰熊一起进餐。虽然大灰熊屡次驱赶，臭鼬依旧会在很短的时间内返回，继续分吃大灰熊的食物。有游客问：“为什么大灰熊不用它那强壮有力的熊掌将那只臭鼬拍死？”公园的管理员说：“大灰熊其实非常聪明，因为它知道，那样只会让自己忍受臭气熏天的煎熬，一点都不划算。”

有时，将自己培养成一个强者，并不一定是将声音放大，让身体变强壮，让手段变强硬。心理上的强大才是真正的强大。宽恕别人的罪过，包容他人的诽谤，与轻蔑和骂名共同存在，才是真正的强大。

当我们遇到不公正的指责，成为别人的笑柄；被他人欺骗，被朋友出卖；被人暗算，陷入不快乐的情绪时，不如时刻提醒自己，想想耶稣的遭遇——在耶稣最亲密的12个门徒中，有人为了可怜的赏金出卖他，有人在他遇难时公开宣称不认识他，到最后，所有人都离他而去，剩下的只有肉体的疼痛和屈辱，无休止的拷问和孤独的死亡审判。

试问，现在的哪个人正在经受耶稣那般的痛苦呢？既然我们无法阻止别人的态度，也无法决定他人的行为，至少，我们还拥有自己行为和思想的决定权，可以自主地选择用什么样的态度对待那些不公平的事。

威尔·罗吉士说："我从来没有遇见过自己不喜欢的人。"他说的当然是谎话。不过，他有能力将自己不喜欢的人变成喜欢的。

在罗吉士经营的农场里，养着很多牛羊。有一天，一头牛冲破了农夫家的篱笆，偷吃了农夫种植的玉米。农夫没有通知罗吉士，就擅自将那头牛杀死了。罗吉士得知自己养的牛被杀后，非常气愤，于是他带着助手一起去找农夫理论。

走了一段漫长而寒冷的路之后，罗吉士和他的助手终于到达了农夫一家居住的小屋。此时，农夫不在家，他的妻子热情地招待了他们。狭窄的屋子里，憔悴的女人在来来回回地忙碌着，在桌椅后面，还躲着五个黝黑、瘦弱的孩子。

不久，农夫从外面回来了。罗吉士本想开口和他理论，却又忽然打住了。因为不明两人来意的农夫正热情地和他们握手、拥抱，叮嘱妻子准备晚餐。晚饭上来了，只是一些便宜的豆子煮的汤。农夫充满歉意地说："不好意思，天气太坏了，否则的话，咱们就有牛肉吃了。"听到农夫的话，躲在角落里的孩子们显得非常兴奋，开始窃窃私语。

饭后，窗外依旧刮着大风，打得房门嘎吱嘎吱地响。农夫大概是把他们当成过路的客人，于是邀请他们两人住下。盛情难却，罗吉士和助手决定在农夫家里过夜。

第二天早上，他们又在农夫家吃了一顿早餐才告辞回家。在回家的路上，助手问罗吉士说："一晚上您根本没提过牛的事，难道您不是为了讨回公道而去的吗？"罗吉士笑着说："我原本是为了讨回公道的，后来我发现，人情味似乎比一头牛更少见，更不容易得到。"

第五章

坚信理想

每个人心里都有一亩田，每个人心里都有一个梦。区别在于你用它来种瓜种豆，还是用它来播种理想。

开放大脑——思想决定命运

戴尔·卡耐基有一次做客电台节目，节目中有一个听众提问的环节。这时，有一个人打进电话，问了他这样一个问题："对你而言，你学过的最重要的课程是什么？"这个问题并不难，因为卡耐基的心中早有答案，他说："思想的重要性。从某种意义上说，每个人的生活都是由他的思想决定的，一个人的命运也完全由其思想决定。"

俗话说："种瓜得瓜，种豆得豆。"对人来说也是一样。一个人有什么样的思想，就会导致什么样的命运和人生。当一个人将某种信念作为人生的信条，真的渴望去做这件事情时，这件事就会变成他一切行动的源头。如同我们生活中常说的那样，世界上没有无缘无故的爱，也没有无缘无故的恨，自然也不会有毫无理由的成功和失败。所有的成功和收获，都是在思想的驱使下取得的。

当巴尼斯还是一个穷困潦倒的流浪汉时，他就想和伟大的发明家爱迪生成为商业伙伴。可是，当时他并不认识爱迪生，而且处于经济困境的他，根本没有钱买车票去亲自拜访爱迪生。值得庆幸的是，这个想法并没有在他的心头一闪而过，而是深深地留在了他的脑海里，时刻寻找办法实现。

后来，他的确出现在爱迪生的实验室里，不过尚未建立合作伙伴关系，而是作为办公室里的一名普通员工。当他拿着微薄的薪水工作时，他并没有忘记最初的想法，而是在慢慢地等待机会。终于，当爱迪生发明了一款新的办公用品后，巴尼斯等到了机会。

当时，爱迪生的销售人员对那款办公用品并不看好，甚至不相信它能够被消费者接受。此时，巴尼斯向爱迪生提出了请求，希望能够亲自去销售这批机器。实际上，他的销售非常成功，在最短的时间内将所有人都不看好的机器卖给了消费者。随后，爱迪生和巴尼斯签约，请他负责公司产品的全国推销。至此，他终于实现了和爱迪生合作的想法，并且迅速地成为百万富翁。

巴尼斯之所以能够实现自己的目标，正是因为无视了那些虚无的恐惧，依靠思想驱动坚持到最后。其实，所有人都能够像他一样，只要我们找到了自己想要坚持的想法。当然，这种思想不能仅仅是头脑中的一个闪念，而是要成为引导行动的风向标。

假设你是身无分文的巴尼斯，你会想到成为爱迪生的事业伙伴吗？你是首先想办法结识爱迪生，还是用“那完全不可能”的借口来说服自己放弃呢？

有时候，我们想要的未来没有得到，一心期待的梦想没有实现，并不是因为那个未来或者梦想本身遥不可及，而是我们狭隘的思想困住了自己，用那些原本可能不存在的恐惧吓退了自己。

从前，有一个前途渺茫的年轻人，他对自己未来的生活丧失了信心，于是找来一位算命先生，想要测算一下自己的命运。

算命先生说："年轻人，流年不利啊，近日你将有大难。"算命先生的话吓到了年轻人，于是他忙问："怎么办，如何能破解？"算命先生说："若想消灾，你就要拿出一笔钱来改改运。"随后，算命先生说出了一个数字，可是数额太多，年轻人根本无力负担。无奈之下，他放弃了改运的想法。命运改不成，他整天都在担心即将到来的大难，惶惶不可终日。

有一位老先生见到这个失魂落魄的年轻人，就问他发生了什么事，年轻人将算命先生的话重复了一遍，并且表明自己非常担心，害怕灾难的降临。老先生听过他的故事，领会了其中的含义，笑着对年轻人说："其实，消灾很容易，不一定需要那么多钱，即使没有钱也能解决问题。只要你到山里找一块温热的石头回来，便可免除大难。"

年轻人听到老先生的破解之法后，欣喜若狂地连夜启程上山。经过了一夜饥寒交迫的行程之后，年轻人终于来到了山脚。没想到，平原上冷风凛凛，山里更是寒风呼啸。年轻人心想："这么冷的天，我到哪里去找温热的石头呢？"可是，他一想起算命先生的话，想起随时会来到的灾难，就不寒而栗，便继续向山里走去。

年轻人来到山里时，已经是正午时分。太阳温暖地照耀在大地上，可是空气冰冷，地上根本没有温热的石头。年轻人在地上一块一块地摸索着，心中的希望渐渐转化为失落。摸过了几千块石头之后，年轻人终于绝望地坐在了地上，再也没有力气去尝试下一块了。

他坐在地上思考："难道老人家说的都是假话，是故意骗我的吗？看来算命先生的测算的确没错，我即将遇到的大难，大概就是命丧于此吧。"年轻人坐在地上许久之后，突然觉得自己所坐的石头没有刚才那么冷了。他马上站了起来，用手触摸地上的石头——果然温热，这就是老先生让他找的温热的石头了。刹那间，年轻人豁然开朗，原来改变命运的机会根本不在那个算命先生的手里，而是在自己手里。

活给自己看——按照自己的方式走路

菲利普·约翰逊的父亲经营着一家洗衣店，生意非常火爆，前来光顾的客人络绎不绝。父亲最大的愿望就是儿子能够子承父业，长大后继续经营这家洗衣店。于是，父亲安排菲利普到店里帮忙，以便让他尽快地熟练业务。

但是，菲利普并不喜欢这份工作，他也不想将来像父亲那样，一辈子窝在洗衣店里，帮助邻居洗衣服。因为心中不情愿，他在洗衣店工作时总是得过且过，干什么都是马马虎虎的，如果不是一定要做的事，他肯定会躲在一旁，什么都不管。菲利普的行为让父亲非常恼火，他将儿子赶出了洗衣店，甚至断言他的儿子是个没有责任心、不求上进的人。

后来，菲利普参加了一个机械厂的招聘，并且最终通过考试，得到了工作的机会。虽然父亲强烈反对，菲利普依然坚持着自己的想法，到机械厂上班去了。机械厂的环境和洗衣店简直是天壤之别，到处都是坚硬的金属器材，还有永远都洗不掉的黑色油渍。菲利普每天穿着油腻腻的粗布工作服，干着比洗衣店辛苦十倍的工作。

虽然工作辛苦，时间也很长，但他因为这一切都是自己喜欢的、自己选择的而感到非常高兴。在工作之余，他还选修了机械工程学的课程，学习引擎的运作原理和机械维修。后来，他成了波音飞机公司的总裁，还运用自己学到的工程理论，制造了“空中飞行堡垒”轰炸机，帮助盟军在世界大战中取得了胜利。

试想，如果菲利普听从了父亲的安排，安安分分地在洗衣店工作，他可能一辈子都从事帮人洗衣服的工作，也有可能洗衣店破产，他变成一个一无所有的流浪汉。

菲利普的人生选择遭到了父亲的反对，现在的很多年轻人在面临人生选择时，难免也会受到来自父母、长辈或者其他人的压力。众多迫于压力的年轻人，常常心理承受不住，最终屈从于他人的看法，过着别人想要他过的生活。

那些试图干预他人人生，或者屈从于他人压力的人都忘了，生活到底是谁在过，人生到底是谁的？当年轻人成年以后，难道不应该摆脱跟在长辈后面亦步亦趋的生活，学着按照自己的方式走路吗？

当年，达尔文决定放弃行医，专心研究生物时，他的父亲曾经斥责他说：“你简直无可救药！”但是酷爱生物的他坚定了自己的看法，并且在动物进化方面取得了重大的成就。

卓别林开始演电影时，导演要求他模仿一名当时很有名的德国演员。可是他坚持按照自己的方式表现幽默，最终创造了一套独属于他的表演方法。

首先要清楚，我们在做某件事时，并不是为了让周围的人满意才去做的。是因为想去做，喜欢做，我们才去付出努力的。成功者和失败者的区别也在于此。成功实现理想的人，他们都在按照自己的方式，朝着最终的目标努力行进；失败者则时刻都在受周围人的影响，活在他人的眼光里，一辈子做着别人希望他做的事，最后也难逃成为他人的笑柄。

有一个幽默故事，恰到好处地表达了这种选择的后果。

老爷爷带着自己的孙子去看望亲戚。他们骑着一头毛驴出门，走着走着，他们碰见了一个过路人。过路人对老爷爷说："你们两人都骑在毛驴的身上，岂不是要把毛驴压死了，这不是虐待牲畜吗？"听了这话，老爷爷赶紧下来。他在地上牵着毛驴走，让孙子一个人骑。

没走多久，他们又遇到了一个过路人。过路人说："这世道哪还有什么尊敬老人啊？竟然让孙子骑驴，爷爷走路！"孙子听到后，赶紧从毛驴上下来，让爷爷骑驴。

他们又向前走了一段路，一个孩子朝着他们喊道："还爷爷呢，让孙子走路，自己骑驴？"听到这话，爷爷也不敢骑驴了。于是两人一起走路，牵着毛驴到了亲戚家。

回去的路上，有几个种菜的人看着这爷孙俩说："真没见过这么笨的人，这么远的路，有驴不骑，竟然走路。"老爷爷和孙子面面相觑，一时不知道怎么办好了。突然，爷爷想出了一个"妙招”：将毛驴的四只脚绑起来，两人用棍子抬着走。结果，招致了更多人的嘲笑。

要知道，每个人的生活都不是商店中的展览台，专门供人评价和欣赏。每个人也不是谁的附属品或复制品，延续着前人的生活方式和价值观。之所以说我们都是世界上独一无二的存在，就在于每个人都有自己的亮点，都有自己的闪光领域，都能够依据自己的爱好、兴趣来安排生活。

或许每个人定义幸福、定义成功的方式不同，对幸福生活的追求也不同。有的人终生追逐名利，有的人只求平淡充实。无论是灯红酒绿的繁华，还是夜深人静的安稳，都不过是一种独具风格的幸福方式。但是，最重要的幸福只有一个，就是按照自己的方式走路，按照自己喜欢的方式度过人生。

保持谦卑——自大反而心虚

从前，有一位老先生和他的弟子交流学问。在众多的弟子中，有一个家境富庶的弟子，平时总是趾高气扬，一副高高在上的做派。这天，他又开始在同学面前炫耀自己的家世：“其实，我家并不是富裕之家，只不过在郢都郊外有一片看不到边的肥沃良田罢了。”听到他又开始没完没了地炫耀自家祖产，身边的同学都觉得心中愤懑，只不过一时之间，都想不出来反驳的方法。

老先生坐在一旁耐心地听他说，等他说完，老先生拿来了一张非常大的地图，他问这位富家子弟说：“你从这里找得到楚国吗？”学生扬扬得意地指着地图上的一个区域说：“就在这里嘛，这么一大块地都是楚国，非常容易找的。”

老先生点点头，又问道：“那好，我再问你，你从这里找得到郢都吗？”学生在地图上仔细地搜索，看了好久之后，终于找到郢都所在之地。和整个楚国相比，郢都实在是非常小的一块区域。

老师再一次点点头，接着问说：“现在，你从这里找出你所说的那片看不到边际的良田吧！”富家公子开始皱起眉头，找到一个更小的点说："应该是这吧。"随后又指着另外一个点说，"不对，好像是这。"他盯着地图反反复复地找了好半天，神情越来越尴尬，额头也因为过度紧张而冒起了虚汗。过了好半天，他不好意思地对老先生说："老师，我好像找不到了。"

老师收起了地图，对众弟子说："或许，你们觉得自己已经很了不起，学问很高，德行很好，可是如果和浩瀚的宇宙比起来，和一望无际的大地比起来，所有人都是沧海中的一粟，根本是微不足道的存在。做人不应该自满，更不能妄自尊大，而应该谦虚一些，时刻保持谦卑的态度。"

谦卑不是卑下，不是软弱，也不意味着无能，它体现的是一种君子修养和高尚品德。很多人在取得一点成就，拥有财富或者身居高位时，很容易就忘了自己原本的模样，开始骄傲，开始自我膨胀，开始蔑视身边的一切。喜欢在周围人的面前显示自己的富有，露出嚣张的气焰。

他们这样做，与其说是因为自己如今的强大，不如说是来自内心中深藏的弱小。况且，人存于天地间，不过是"寄蜉蝣于天地，渺沧海之一粟"。有何理由不谦卑做人，低调做事呢？

某工程学院的硕士毕业生来到军事基地的实验室进行为期一个星期的实习。能够来到军事基地实习的学生，都是各方面出类拔萃的学生，如果基地的条件适宜，他们会考虑留下来工作。

第一天，实习生们由导师带着，等待实验室主任过来分配任务。办公室的助理热情地招呼大家，给大家找空置的会议室，帮所有人倒水。

房间里虽然充满了杂乱的脚步声，却没有人大声说话。这时，突然有一个学生大声地问：“有冰块吗，这该死的天气，太热了。”助理回答说：“抱歉，冰块用完了。”莱纳德在一旁看着他，心里嘀咕着：“人家给你倒水，还挑三拣四的。”当助理将水拿到莱纳德面前时，他轻声地说了声谢谢。助理抬头看了他一眼，说：“你是第一个跟我道谢的人。”

不一会儿，负责安排实习课程的教官库珀博士走进来和大家打招呼。炎热的天气让许多人懒得起来，只有莱纳德在内的两三个人礼貌性地站了起来。库珀博士自我介绍后，顺便介绍了站在一旁的办公室助理：“这位同样是工程学院的实习生，可以算你们的师兄了。这一次的实习行程，都是由他为大家做安排。”人群间一下子骚动起来，有的人倒吸了一口冷气，有的人则在小声地感慨。

随后，库珀博士开始分发与实习有关的物品和手册。本来以为暖场了一番之后，大家能够变得活跃一点。没想到，所有人依旧懒洋洋地坐在椅子上，很随意地用一只手接过了库珀博士双手递过去的手册。

库珀博士耐着性子挨个分发，到了莱纳德面前，脸色已经变得非常难看。就在这时，莱纳德站起身来，双手接过物品，并轻声地说了一声谢谢。库珀博士眼前一亮，拍拍莱纳德的肩膀说：“你叫什么名字？”莱纳德照实回答后，点头坐在了自己的座位上。

一个星期后，库珀博士只提供了一个军事实验室的工作职位，并且安排给了莱纳德。有几位不满结果的学生找到了库珀博士说："莱纳德的水平在工程学院最多算是中等，凭什么选他没有选我们？"库珀博士说："或许你们的技术水平和课业成绩都很优秀，但是不要忘了，除了专业知识之外，你们还需要学很多东西。对人谦卑的态度就是第一课。"

没有人会喜欢一个倨傲自满的人，也不会有人愿意和满身傲气、口气狂妄的人做朋友。当我们忍不住想要炫耀自己的成绩，对人施以傲慢之礼时，不妨先告诫自己一声，那些优于别人之处，仅仅是暂时的、相对的。天外有天，人外有人，总有人即将超越自己，超越我们所在的位置，取得更大的成就，那么，我们还有什么可高傲的呢？

远离安逸——用困境激励自我

寺院里住着一位小和尚。他每天都在师父的带领下参佛念经，时间久了，他感到厌烦了。于是，小和尚对师父说："我一点都不喜欢每天念经和修习佛法的生活，如果不用看书，每天只想吃想睡，过得轻松自在多好。"师父笑笑不语，将小和尚送到了寺院的一个偏殿里。

偏殿的主人是一个白胡子的老头。得知了小和尚的愿望之后，老头对着他笑呵呵地说："你的愿望很简单，也很容易实现，只要你在我这里住下，美味的食物可以随你享用，既不会有人催促你念经，也没有什么佛法需要你修习了。"小和尚一听非常高兴，觉得自己好像到了天堂一般，于是告别师父，喜滋滋地住了下来。

偏殿里的日子的确非常悠闲，小和尚每天除了吃就是睡，没过几天，他就把偏殿里所有的美食品尝了一遍。不用学习，不用念经，也没有师父的唠叨，他感到从未体验过的快乐。

可是一段时间后，他的内心却开始感到空虚和寂寞。于是，小和尚去找偏殿的白胡子老头，请求道：“我每天除了吃就是睡，日子实在过得太无聊了。您给我找几本佛经看看吧，或者您给我讲一点佛祖的故事也行。”白胡子老头摇摇头，说：“这个我可帮不了你，我这里没有佛经，我也不知道什么佛祖的故事。”

小和尚没有办法，只好忍耐着无聊的日子。几个月后，他终于受不了了，又去找白胡子老头说：“我实在不愿再过这种吃吃睡睡的日子了，您叫我师父来把我接走吧。我每天听不到佛法，觉得痛苦极了。我宁愿忍受地狱的煎熬，也不愿继续住在这里了。”

孟子说，生于忧患，死于安乐。任何人的生活都不能只是享受物质的充裕，享受闲暇的安逸，而应该用头脑思考，用行动实践，用智慧来创造自己的生活。如果一个人每天都在过吃喝享乐、毫无节制的生活，那么和一具行尸走肉有什么区别呢？

在印度洋的毛里求斯岛上，曾经生活着一种渡渡鸟。它们在那里生活了数十万年，因为舒适的环境，丰富的食物来源和缺少天敌的滋扰，它们长成了性格温良，毫无自卫能力的禽类。肥大的体型让它们走起路来显得步履蹒跚，再加上一张大大的嘴巴，它们的样子甚至有些丑陋。数十万年来，它们在繁茂的树林中筑窝孵卵，繁殖后代。

到了17世纪，来到毛里求斯的欧洲殖民者发现了这群体形硕大、肉味鲜美的鸟，并且开始大量的猎杀。与此同时，猫头鹰和鼠类的入侵，也让渡渡鸟幼鸟的存活率大大下降。在荷兰的殖民者声称毛里求斯岛是他们的领土后的80年里，最后一批渡渡鸟从地球上消失。

渡渡鸟的灭绝，再一次验证了人类的入侵对环境的破坏。但是，从另外一个角度讲，渡渡鸟过于安逸的生活才是它们悲剧的开端。如果在职场中生存的人也像渡渡鸟一样，因为暂时的薪水尚可，职位相当就过起了优哉游哉的生活，时间久了，定会磨掉竞争的激情，将辛苦建立起来的内心力量也消磨殆尽，最后像渡渡鸟那样，被环境的变化和入侵者赶尽杀绝。

人生不能太安逸了，如果总是在舒适的环境中生活，很容易让自己变得懒惰，经不起风雨和挫折，更不用说训练强大的内心了。当生活进行得太顺利的时候，或许我们可以通过创造逆境或者提高目标的方式，让自己处在一种始终向前、向上的进程。

一天，洪涛和一个做企业的朋友聊天。朋友问他："最近我在参加一个培训课程，听起来不错，你要不要试试？"洪涛简单打听了一下情况，问："怎么收费？"朋友说："4万多元，两个星期。其他费用自理，地点在北京。"洪涛瞬间震惊了，诧异地说："就是说，你打算花几万块钱跑到北京去听一个不知道有没有用的课？"朋友耸耸肩说："对呀，有什么问题？"

洪涛对朋友的学习劲头颇为不解。朋友已经工作多年，同时经营着几个公司，还跨了好几个行业，也算得上实业家了。可是他对待学习却永远都那么饥渴。相比来说，洪涛似乎更加懂得生活。他经营着一个中型的广告公司，带着接近一百位的员工一起工作。可是，闲暇时间里，他更愿意和朋友打打球，做做运动，偶尔到国外逛逛，也不愿意重新回到学生时代，再找一个老师来折磨自己。

不过，朋友举了一个例子，还是让洪涛信服了。“前几天，我在网上订购了一批市场价100多万元的光盘，结果和商家掰扯几个小时之后，十几万就拿下来了。”洪涛投过去一个疑惑的眼神，朋友继续说：“那套课程我已经听过了，还给他分析了半天讲师的理论来源，那卖家自己都不知道怎么回事呢，还跟我推销产品！”

洪涛终于明白，虽然他们是同龄人，彼此之间的差距却如此明显，一切原因都在于大脑。当所有的小老板都在打牌、做桑拿、享受安逸的生活时，朋友却赶到外地去上培训课程，在新的交际圈中寻找同道中人。这也正是他的企业能够越做越大，稳步发展的原因之一。

犹豫再三，洪涛也报名了朋友的培训班，他想要看看，这些企业家级的人物，是如何摆脱安逸，时刻激励自己前进的。

设定最近发展区——追求更高理想

在教育学上，维果斯基提出了“最近发展区”这个概念，旨在让老师提供学生一个带有难度的学习内容，从而调动学生的积极性，发挥其潜能，从而帮助学生从现有阶段过渡到下一个学习阶段。

“最近发展区”应用在教学上，帮助许多学生实现了阶段学习的跨越，让学生在稍显困难，但是认真努力可以取得成绩的过程中，实现了成就感的体验。与此相似，在工作中，我们同样可以通过制造“最近发展区”的方式，来提高工作成绩和心理素质。

工作中的“最近发展区”也就是我们的目标和理想。无论在哪个领域，人们都必须在心中存有一个理想，而且是需要通过努力可实现的理想。如果没有一个可实现的理想作为目标，人很容易就会对现实妥协。

将这个理想作为一段时期的驱动力，然后根据自身的特点修订职业生涯计划，或者短期人生规划，让目标与生活保持一致，然后通过方法、技巧和努力来实现理想。当第一个目标实现后，再根据实际情况，制定下一个“最近发展区”，直到实现最后的理想为止。

一个家境贫寒的少年，在他15岁的时候为自己写下了一张“生命清单”。他将一生想要去的地方，想要完成的事，想要看的书，想要学会的技能通通写在了一张黄色的便笺上。其中包括：到尼罗河、亚马孙河、刚果河去探险；要登珠穆朗玛峰、乞力马扎罗山和麦金利峰；驾驭大象、骆驼、鸵鸟和野马；探访马可·波罗和亚历山大一世走过的道路；驾驶飞行器起飞降落；读完莎士比亚、柏拉图和亚里士多德的著作，读完《大不列颠百科全书》；谱一部乐曲；写一本书；拥有一项发明专利；给需要帮助的孩子筹集100万美元捐款……

洋洋洒洒，他一口气写下了127项人生愿望。这些愿望让人一看就觉得困难重重，希望渺茫，更不用说想办法去实现它了。然而，44年后，他成功地完成了生命清单中的106个愿望，成了20世纪最著名的探险家。他就是约翰·戈达德。

在近半个世纪的时间里，戈达德一边工作，一边思考着如何完成这些看似不可能完成的目标。最后，他成功地探访了马可·波罗曾经走过的路线，穿越中东来到了中国；他登上了乞力马扎罗、斐济和大蒂顿等世界高峰；他潜入佛罗里达和澳大利亚的水下，探索了珊瑚礁和大堡礁；他还学会了法语、西班牙语和阿拉伯语等多门外语。

在探险的途中，他也曾经多次遭遇生命危机，比如遇到鳄鱼的袭击、响尾蛇的偷袭，还有一次险些被海盗射杀。不过，这些恐怖的经历并没有阻止戈达德向他的目标进发，反而让他更加坚定信念，完成一个目标后，马上着手下一个目标的准备工作。

随着戈达德的目标一个个地实现，他也成为美国人心目中的英雄，很多年轻人都以他为榜样，努力地追寻着自己的梦想。当有人惊讶地问他“是什么样的力量让你实现了这些目标”时，他微笑着回答说：“当我的心灵首先到达那些地方时，我的身体便充满了力量。我需要做的只是走到那里，完成它就行了。”

当你拥有一个目标时，就要马上想办法实现它；当你实现了这个目标时，就马上设定新的目标，然后开始在新的征程上努力。高尔基说：“一个人追求的目标越高，他的才能就发展得越快，对社会就越有益。”因此，想获得更高人生价值的人，就需要不断地追求更高的理想，在远大理想留下的巨大空间下，充分挖掘自己的潜能，燃起心中的渴望。

在行动中实现理想——敢想也要敢做

在第二次世界大战期间，一个年轻的战士在战场上学会了一件事，那就是将想法付诸行动，在行动中实现理想。

当时，战事情况不明，没有人知道战争将持续多久。他整天都在忧虑自己的安全，害怕自己命丧此地，因此，他患上了结肠痉挛。和战争的血腥与残酷相比，疾病带给他的痛苦更加真实而迫切。

在生病的同时，他还需要每天完成自己的工作。他的工作就是到战后烧焦的土地上搜集士兵的尸体和物件，然后将个人信息登记在案，以便送回后方，留给士兵的家人或者亲人。在他被身体的疼痛和耳边的炮火折磨得憔悴不堪时，他最担心的还是自己的生命。

他害怕被流弹击中脑袋，也害怕被炮火掩埋，害怕再也见不到妻子和不满一周岁的儿子。他时刻渴望着健康和生存，为此他整夜失眠，担惊受怕。在巨大的心理压力之下，他被送到了医院，接受医生的全面治疗。

最后，当他来到精神科时，医生对他说：“很显然，你的身体没有病变，一切症状都是由你的精神状态引起的。”医生请他坐在窗前的沙发上，然后对他说：“或许，你可以试试我这个建议。我们不妨把每天的生活，比喻为一个不停流逝的沙漏。那么，沙漏下端的沙子代表我们已完成的事，上端的沙子代表未完成的事。沙漏在不停地流逝，也是一粒一粒地漏下去的，我们不也应该一件事一件事地，慢慢地朝着心中的理想行动吗？”

听过医生的一番话，他幡然醒悟了。他每天的忧愁本身就是毫无用处的，既不能马上付诸行动，又会影响当下的状态。不如先做好眼下的事，慢慢朝着目标行进。

从医院回来后，他每天都在回想医生的话，尤其当他在战场上收集烈士的尸体时，他都在用沙漏的故事提醒自己。不知不觉地，他重新恢复了健康，结肠痉挛的毛病消失了，他也不像之前那样沮丧了。当盟军对德军的反攻胜利后，他知道，自己很快就可以回家，见到妻子和儿子了。

有一句话说：“一张地图无论多么详尽，也无法帮助他的主人前进一步。”当我们拥有了目标，并对目标进行了适当的规划之后，我们需要做的是什么呢？没错，是行动。倘若我们仅仅是坐在椅子上，凭空想象着理想、计划、未来，成功是不会自己跑来找你的。只有一点一点地行动才能让头脑中的想法变成现实。

李想不是“海归”，也没有令人艳羡的高学历。在行业专家的眼里，他的创业故事显得另类。毕竟，那些排名靠前的专业IT网站，几乎都是靠强大的资金支持做出来的，只有李想一家，凭借自身不断滚雪球的方法，从一个名不见经传的小公司发展成为拥有一百多位员工的专业网站。

李想出生在石家庄市，从小就喜欢电脑，当家里有了第一台电脑后，他更是对电脑完全着了迷。

那时他才上高中一年级，他花了8000块钱，按照自己的要求组装了一台电脑。当时家庭电脑非常少见，都是拨号上网，价钱昂贵，而且非常不方便。幸好，从小就是计算机发烧友的李想一直在报刊上发表作品，他的稿费已经足够支撑家里上网的费用。

到了高三，所有同学都在为了高考而忙碌时，他却每天躲在家里，搞起了自己的网站。他每天花七八个小时来上网，根本没有时间复习功课，老师和家长也觉得非常头疼。无奈之下，他在高考和计算机之间做出了选择。他知道自己喜欢什么，想要做什么，于是他放弃了高考，专心在家里搞自己的网站。

退学后，李想开始正式地追求自己的梦想。他把自己喜欢的电脑硬件产品都放在网上，于是有很多人上网和他交流，慢慢地就有了访问量，几个月后访问量达到每天一万多次。这时候，广告商就找上门来了。

一个广东的老板说要给李想寄推广费，他都没当真，结果对方就真的寄来了6000多块钱。当时他甚至还没构思好如何进行网站的商业化运作。每个月六七千块的广告收入，对于当时一个高三的学生来说，简直太奢侈了。

到了2000年，李想与人合作成立了泡泡网。在石家庄找不到发展机会，他决定来北京创业。2001年，他在北京林业大学旁的一所民居驻扎下来。半年后，网站开始有了访问量，新的客户也找上门来。

作为一个身家过亿的“80后”CEO，李想最初创业的目标就是赚钱。可是，当钱赚得越来越多的时候，钱反而变成了次要的东西。他现在的想法是带领团队去实现新的目标。

其实，实现理想并不难。难的是，有的人甚至不曾去想，想过的人又不敢去做。不曾去想的人每天浑浑噩噩地度日，不敢做的人则前怕狼后怕虎，担心失败，害怕风险。所以，这些人最终都一事无成。

一个人只有在敢想敢做的时候，才能将自身的才能发挥到极致，全速地前进，放下后顾之忧。那些在晚上想一千条路，早晨起来原地踏步的人注定与成功无缘。如果你决定要做什么，马上就行动吧。每一天都努力一点，才能在行动中实现理想。

坚持主见——听人劝不代表跟人走

春天到了，老鹰在森林的高处找到了一棵粗壮的树木，它又高又大，长得枝繁叶茂。老鹰对这个筑巢点满意极了，于是决定在此定居下来，为即将到来的繁殖期做准备。

住在洞穴里的鼹鼠听到了这个消息，壮着胆子向老鹰建议说："这棵树并不是一个理想的选择，它的根子马上就要烂光了，随时都会倒掉。听我的话，你还是到别的地方筑巢吧。"

老鹰看着趴在地上，找不到眼睛的家伙说："我知道如何选择巢穴，不需要你来提醒。"

鼹鼠说："我是真诚地提醒你，这棵树随时都会倒掉的。"

听了鼹鼠的话，老鹰越发地不高兴了。它在空中盘旋着，对鼹鼠吼道："不要再啰唆了，你这个生长在泥土里的家伙，小心我把你扔到天上去。"

老鹰把好心的鼹鼠吓跑了，然后开始动手筑巢。几天后，它产下了卵，并开始孵化幼鸟。很快，幼鸟破壳而出，一个个大声地叫着喊着要吃东西。老鹰每天飞来飞去，辛苦地喂养着巢里的小家伙。

一天早晨，老鹰再次出门觅食，在回来的路上，被一场突如其来的暴风雨挡住了去路。当暴风雨过去，老鹰急急忙忙地赶回家时，却发现筑巢的那棵大树真的倒掉了，巢穴中的幼鸟也摔死了。

看到破败的巢穴和幼鸟的尸体，老鹰伤心地离开了。此时，躲在洞中的鼹鼠说："说我是住在泥土里的家伙！正是因为我每天都在地底下打洞，每天在树根身边经过，它是好是坏，没有谁比我更清楚了。"

任何人都有短处，也有长处。无论他是一名普通的工人，还是一位企业管理者，都有值得借鉴和赞同的地方。即使我们的能力再强，也不能自以为是，目空一切，不听他人的劝告。所谓尺有所短，寸有所长，一个人的雄才伟略，在他人看来可能是微不足道的。所以说，虚心听取他人的建议，永远都不会错。

但是，听取他人的建议时，也需要充分考量自身的想法，不能完全按照他人的方式来安排自己的生活。所谓听人劝不代表跟人走，他人的建议只能用来润色我们的决策，在原本有瑕疵的地方进行填补。在关键的时刻，我们依旧要坚持做自己，按照自己想要的方式工作和生活。

很早以前的欧洲人认为番茄是有毒的，所有人都不吃番茄，并且对其避之唯恐不及。

有一天，一个小男孩在野外看到了红彤彤的番茄，样子特别诱人，看得他都要流出口水了。他想，这一定是某种美味的东西吧，于是他想要摘一个尝一尝。这时，身边的人告诉他说，它是邪恶的东西，是有毒的，不能吃，吃了会死人的。

男孩听从了旁人的建议，没有去碰那只番茄。回到家后，他开始想念那只番茄，连做梦都会梦见它。他想，那么诱人的小东西应该不会有毒的。一天晚上，他一个人偷偷地跑到了野外，摘下了心仪已久的那个果实。一口咬下去的时候，他心里紧张极了，担心它是苦的或者酸的。当果肉和果汁充盈在口腔时，酸甜的滋味涌上了舌尖。“真好吃！”他在心中发出了由衷的感慨。

尝过番茄的美味之后，小男孩回到家中准备睡觉。虽然他也在担心番茄会夺走他的生命，但是美妙的滋味早已胜过一切，占据了他的脑海。第二天醒来，他一点问题都没有，还像往常一样活蹦乱跳的。于是，他将自己的体验告诉了身边的人。大家将信将疑地去尝试，发觉番茄果然是一种美味的果实，后来，它就成了大家餐桌上的食品。

鲁迅说过，第一个吃螃蟹的人是很令人佩服的。其实，在第一个吃螃蟹的人之前，一定有许多人考虑过，甚至想要尝试一下，不过都因为他们听从了他人的意见，认同了“螃蟹是有毒的”“螃蟹肉会让人生病”之类的想法，从而错过了“敢争天下先”的机会。

在生活中，我们要适当地采纳他人的建议，同时也要坚持自己的主见。过分依赖他人的想法，做什么事都没有自己主见的人，只能变成墙头草。别人说往东的时候，他就往东，别人说往西的时候，他就往西，做什么事都会半途而废。

有主见的人不会盲从，更不会在自己的构想上朝令夕改。他们认为自己能行，所以该做什么就做什么，拒绝活在他人的影子里，他们坚信自己的理想，一往无前地去寻找目标，为了自己想要的生活而努力。

第六章

养成好习惯

勤奋的人在行动中创造未来；勤于思考的人在心灵上重塑自我；充满想象力的人在天马行空中见识广阔的世界也能原谅自己。

勤于思考——未来是想出来的，不是等出来的

好的习惯会让我们受益终身，坏的习惯也会拖累终身，甚至带来诸多负面的影响。相比行为上的习惯，心理上的习惯影响更为严重。毕竟，心有所想，才能行有所为。我们的一切行动都是在心理意识的驱动下进行的，因此，养成心理上的好习惯就成为左右生活品质的重要一步。

勤于思考，是一个非常难得的心理习惯。因为在人类的本性中，存有一种本能的惰性。大多数人会不自觉地认同动物性的习惯，待在安逸的环境中，物质富足，生活温饱，过一种吃了睡，睡了吃的生活。勤于思考，则正是对这种原始生活方式的逆反。

当人类从原始走向文明之后，社会生活需要更多的发明和创造，也时刻需要新思想的迸发，而这些创新的来源，未来的走向，正是来自更多人勤于思考的结果。当年轻人每天在期盼未来，在幻想自己的美好人生时，未来并不会自动走过来，也不会在几十年后自行现身。它需要我们基于未来的思考，基于现状的行动。未来是想出来的，而不是等出来的。

当张宇从一个推销员成功晋升为老板时，他的成功秘诀就是勤于思考。当他每天提着吸尘器样品，穿梭在富人区的别墅群时，他总是习惯性地问自己几个为什么。在他抬手按响客户家的门铃前，他一定会先喝一杯咖啡，擦亮自己的皮鞋，检查一下仪表是否妥当，再复习一遍专业的说辞。当自己彻底地静下心来时，他会思考最后一个问题——我该如何表现自己？

正是基于这样的思维习惯，张宇获得了非常出色的业务成绩。除了谦逊、耐心地应对客户提出的各种问题之外，他还给客户留下一种专业、亲和、有说服力的形象，最后，他推销出很多产品。

当他开始组织自己的销售团队时，培训员工的第一课也是如此。他说：“行动之前，无论是面对多么重要的目标，都要给自己留出思考的时间。多对自己发问，我们只有不断地向自己提问，养成一个勤于思考的习惯，才能发现问题，解决问题。只有这样，我们才能在将来的发展中，更好地解决问题。”

韩愈曾说：“业精于勤，荒于嬉；行成于思，毁于随。”而伟大的发明家爱迪生曾说：“我一直在做的事情就是想、想、想……”可见，勤于思考的习惯是多么重要。哪怕是生活中司空见惯的事物和现象，都不妨在心里问一下：“为什么这样？”然后带着打破砂锅问到底的态度，将每件平凡小事背后的真理弄清楚。

曾经有一位传教的神父，当他来到一处偏僻的乡村时，他看到了村民生活的疾苦，觉得感同身受。于是，他想通过自己的努力，一边宣扬上帝的慈爱，一边改善当地教友的生活。

当神父看到女教友梳落的头发时，不禁和家乡的场景联系起来。在进行工业革命之后，神父的家乡开设了许多工厂。工厂中有很多女工，当她们进入车间工作时，都会戴上一个发网。那是一种用真人的头发编成的网，主要为了避免女工的头发卷入机器。时间久了，发网发展出各种各样的形式，演变成车间女工的一种装饰品。

他想，如果让教友将这些掉落的头发收集起来，然后织成发网销售到家乡的工厂区，不是正好改善了当地村民的贫苦生活吗？于是，神父在传教时，都会耐心地嘱咐当地的女教友，让她们在梳头时，将掉落的头发收集起来。同时，他还联络了做发网生意的商人，让他们拿些生活用品，比如针线、火柴去和那些妇女交换。然后，商人再将零碎的头发进行加工，编织成发网，销售出去。

经过神父不懈的努力后，他的计划终于实现了。不仅让当地的商人赚到了钱，还帮助乡村的穷苦人家改善了生活。

其实，每个人都是有思想、有想法的人。生活的每一个层面都受到思想的控制，可以说，改变了一个人的思考品质，也就是改变了一个人的心理品质和生活品质。建立强大的内心，需要勤于思考的头脑，创造美好的生活，同样需要勤于思考的头脑。我们用思考改变了自己原有想法的同时，也会改变我们的生活。

麦当劳的创始人克罗克，他工作的大部分时间都在思考问题。当然，他不是每天坐在办公室里，盯着天花板思考，而是亲自到公司的各个部门，各个角落，去看，去听，去寻找问题。

有一段时间，公司的收益特别糟糕，马上就要进入严重亏损的阶段。克罗克开始思考导致这一局面的重要原因。长时间的观察后，他发现公司各个部门的经理都非常懒惰，还一副高高在上的做派，不喜欢亲自投入工作中，而是靠在舒适的椅背上对下属指手画脚。

克罗克思考一阵之后，想出了改善情况的方法。他下令将所有部门经理的椅背撤掉。决定一出，公司上下一片哗然，有的人甚至认为克罗克是不是疯了。时间一久，大家才发现，这是克罗克用心良苦的决定。各个部门的经理都不再坐在办公室里听报告，而是深入每一家店面，和最普通的服务员一起解决现场的问题。最后，公司的经营局面大幅改观，营业额也急速回升。而这一切，都是一个思考的大脑创造出来的。

养成阅读的习惯——给心灵寻找出路

犹太人向来注重教育，尊重知识，热爱书籍。犹太人的学校曾经有一个古老的传统，就是给刚入学的新生上一堂“热爱书籍”的课。

新生在第一次听课时，都会穿着新衣服进入教室。教室里，有一块干净的石板，石板上有几行用蜂蜜写下的希伯来字母和《圣经》里的片段。老师会让学生先诵读句子，然后舔掉石板上的蜂蜜。除此之外，在学生读书的时候，还会发放蛋糕、苹果和核桃。所有的一切，都是为了让学生形成一个最初的信念：知识等同于美味的食物。

如今，这种古老的传统已经被新的形式取代，但其中暗含的观念却从来没有改变——读书是甜蜜的。

读书是一件很好的事。读书的好处不仅在于能够增进我们头脑的知识，还能让原本浮躁的心沉淀下来，体味从书中看大千世界的快乐。任何人，即使已经在人生中有所收获，也应当时刻努力精进，保持读书的热忱，而不可懈怠、懒惰。

有人把读书称为第二生活，足见其重要性。读一本好书，不仅是让我们看到了一个故事，一种思想，还能让我们经历从来没有经历过的生活，体验到我们不曾体验到的情感，在文字的世界里，看到世界的博大和丰富。

人的一生毕竟是有限的，直接向别人学习的经验也是有限的，短短几十年的时间，能够用来认真生活、审视自我的时间并不多。但是，通过读书间接向别人学习的知识则是趋于无穷的。读书能够让人穿越时空，突破极限，去走更多的路，见更多的人，感受别样的生活内容。

可以说，一个人的人格发展过程，映射的就是他个人的阅读史。一个人的内心想法，是空洞，还是饱满，是浅薄，还是深厚，都可以从他的阅读中看出一二。我们可以想象，一个人见到书就会安静下来，忘掉生活中的烦恼和忧愁；当他翻开书本，就像打开了一扇世界之窗，从此他的眼睛可以看到更远的地方，他的大脑会承载更多的贤良和德行，他的内心也会变得宽广而强大，甚至将一生的时间和精力，都投入书籍中。这是一种习惯，更像是一种修行。

在中国，姓“虎”的人非常稀少，不过，我国的云南省却有这样一个众所周知的姓虎的人，他就是虎良灿。在朋友圈中，大家喜欢叫他老虎。不过，这只老虎并没有到处扑咬，寻找食物，而是将满腔的热情，都扑到了读书这件事上。

虎良灿爱好广泛，对音乐、电影、文学都有涉及，不过，最先为他开启世界之门的还是书籍。当年从大学毕业后，他逃离了安稳却充满束缚的工作，只身来到北京，成为最早的北漂一族。在朋友的推荐下，他知道了张承志的《心灵史》。于是，他开始疯狂地看起书来。当时，他是借阅图书馆的书，只能在馆内看，不能带走。于是，他一大早就起床冲到图书馆，然后在里面不吃不喝一整天，直到把《心灵史》读完。冲动之下，他甚至想要去见作者，可惜最后没能实现。

虽然工作、事业几经变换，他却从来没有改变阅读的习惯。直到从电视台辞职，虎良灿终于做回了图书行业，创办了一个致力于图书推介和出版的机构。除了为当地的民间作家提供图书出版的机会，他还倡导了云南的民间文化节，希望更多的人能够从喧嚣的时代大潮中沉静下来，通过文学寻找到自己的心灵家园。

作为一个文化机构的老板，虎良灿更愿意称自己是一个文化人，读书，玩音乐，看电影。他说：“读书，并不是想要证明什么，只要一直读下去，就可以让自己的内心变得平衡，变得强大起来。”

终日忙碌应酬、闲聊、杯酒相迎的人，不妨尝试走入书山学海的世界，每天读一篇章，每月读一本书，用知识和思想填补内心的空虚，在文字中寻找心灵的依托；个性懦弱者，悲观厌世者，同样可以走入书的世界，当你见到这世间、这历史上众多不公的命运，数不清的无尽苦难时，便可看穿人生，让自己从内而外地强大起来。

有哲人说，阅读让人远离世界，又让人重新找到世界。不读书的人，他的生命将如同一片沙漠，徒剩一片荒芜。将阅读与生活相伴，不仅是一种智慧的选择，还是重新培养身心的重要转折。修行甚高的法师尚且终日诵读经典，毫不懈怠，我们又当如何呢?

乐于天马行空——想象力也能练习

有这样一个问题：有一对双胞胎姐妹，姐姐在父亲的葬礼上遇到了一个英俊的男子，回到家中后，姐姐把妹妹杀了。你知道姐姐为什么要杀死妹妹吗？

还有一个这样的问题：一个人坐火车去另外一个城市看病，治疗了一段时间后，病情痊愈了。他坐在回家的火车里，突然就跳车自杀了。你知道这个人为什么会自杀吗？

当你开动脑筋，在头脑中想象着千百种可能时，是否有想过，姐姐的谋杀是因为怨恨妹妹包庇了杀害父亲的凶手，而那个乘坐火车去治病的人原本是一个杀人犯，他是为了逃避警察的追捕而自杀的？

当我们在自叹自己想象力极度匮乏之前，不如先看看这样一个故事。

一群幼儿园的孩子看到了花园里盛开的向日葵，开始讨论向日葵为什么会开花。第一个孩子说：“她睡醒了，想看看太阳。”“不对不对，她伸伸懒腰，就把花骨朵顶开了。”第二个孩子说。这时，第三个孩子跑出来说：“其实，她是想和我们比一比，看谁穿得更漂亮。”

几个人争论了一阵后，其中一个孩子跑过去问老师说：“老师，老师，您说向日葵为什么会开花啊？”老师想也没想，对孩子们说：“向日葵开花，原因很简单，就是因为春天来了。”

老师并没有说错，正是因为天气渐渐变暖，向日葵才开花的，她不过在告诉孩子们一个普遍的真理。然而遗憾的是，随着时间的推移，孩子们对想象的美丽和美丽的想象不再感兴趣，而是习惯性地寻找事物背后的真实原因。

很无奈，我们的想象力往往被扼杀在课堂上简单的真理传授之下。以至于当我们从学校被加工完毕之后，对世界的万物都失去了最原始的好奇心和美好想象。当我们全身心地致力于寻找真相，寻找条理清晰的事实时，对事物本能的爱和关怀的缺乏，削弱了我们的内心力量，让我们变得麻木而僵硬。

不过，现实即使可怜，我们也不用如此悲观。因为，想象力是每个人天生的本能。莎士比亚早已断定，人和动物的区别，就在于想象力这种神奇的火花。而众多伟大的作家也告诉我们，除了少数天才的作家之外，每一个作家都是写作的业余爱好者。

康拉德在成为小说家之前，曾经在海上漂泊了整整 16 个年头；柯南道尔则是一边从事着理想的医生工作，一边写出了他的福尔摩斯系列侦探小说；兰姆起初只是政府机关的一名办事人员，以消遣为目的练习写作，最后成为英国著名的散文家……即使是不需要想象力的科学领域，也在绽放着想象力的火花。

2010年的诺贝尔物理学奖颁给了英国曼彻斯特大学的物理学家安德烈·海姆和他的学生康斯坦丁·诺沃肖洛夫。在人们惊叹诺沃肖洛夫年仅36岁便获得诺贝尔奖的同时，更多的人对他们选择的研究方法拍手称好。

两位物理学家的研究，主要是想从一种石墨材料中剥离出一种单层碳原子面，这种材料的硬度、韧性和导电性非常完美，为制造超级防弹衣、超轻型火箭和超级计算机提供了可能。然而，任何人都没有想到，他们分离这一单层碳原子的工具，不是任何高端的仪器设备，而是随处可见的铅笔和胶带。

在之前的研究者尝试过萃取和合成方法之后，海姆和诺沃肖洛夫选择用胶带粘住石墨薄片的两侧，然后撕开胶带的原始方法。随着胶带的分离，薄片也随之一分为二。不断重复这个过程，经过数万次的实验过后，他们最终得到了只有单层碳原子的石墨烯。

这样的做法，听起来简直不可思议，然而，一切的成就都来自二人天马行空的想象力。他们用一种“将科学研究当成快乐游戏”的态度，既实现了技术上的突破，也实现了头脑上的突破。

这些成功者的故事，无疑都在说明一点：一个具有丰富的联想、观察和动手能力的人，肯定能够在行业中有所成就——即使现在没有，将来也一定有。那么我们呢？除了每日刻板规律地生活，是否也能够以消遣为目的训练一下想象力，让自己的内心世界更加丰富，能够承载更多来自外界的辛酸苦辣？

留心每一个细节——事事留心即机遇

因为生活的忙碌，或者我们的粗心大意，常常会忽略掉生活中很多美好的东西。有时候是难得一见的风景，有时候是千载难逢的机遇。这些有意无意间的遗漏，让我们错过了生活的更多可能性，也让有些珍贵的东西永远无法挽回。

其实，生活的每一个细节都可能给我们带来惊喜。别人无意间的一句话，报纸上短小的一段文字，或者布告栏角落里一句泛黄的名言，都有可能成为上帝的礼物，带给我们巨大的人生转折或者事业上的创新。所以，我们要留心身边的每一个细节，抓住每一次可能的机遇，让生活充满更多的新意和可能。

有一次，索尼公司的董事长井深大到理发店去理发。他一边理发，一边看着镜子里的电视。因为画面是通过反射呈现的，所以他看到的电视图像都是反的。这个看起来非常别扭的电视屏幕给了他灵感，他想："如果原本电视机的画面就是反的，那么客人从镜子里看到的不就是正常的画面了吗？这样客人在理发的过程中，也不至于了无生趣，或者看着别扭的屏幕发呆了。”灵感闪过之后，他马上就开始想后期的发展。回到索尼公司后，井深大马上组织技术人员进行研讨，研究开发反画面的技术，并准备马上开始生产这种反画面的电视机。

这种反画面的电视机投放到市场之后，果然受到了理发店、医院等特殊用户的欢迎，销售额大幅增长，井深大也完成了人生中的又一创新举措。

抓住灵感，就像是一种投机。当然，这个“投机”并不是尔虞我诈、巧取豪夺，而是善于观察细节，善于利用时机。看到了表象下的机遇后，敢于凭着一种毅力和冒险精神，全身心地投入，一定能够在别人尚未想到的地方获得成就。

弗兰克·柏杜是美国第四大家禽公司的董事长，他的成功同样是来自对每一个细节的关注。

当柏杜只有10岁时，他的父亲给了他50只劣质鸡崽，要他自己喂养并且销售出去。在柏杜的照料下，这些看起来病恹恹的鸡崽开始茁壮成长。几个月后，柏杜饲养的鸡开始产蛋，产蛋量很快就超过了父亲饲养的优质品种。柏杜每天卖鸡蛋的收入就有15美元，这在经济大萧条的当时，可是一笔不小的收入。

开始时，父亲并不相信，直到他真正地观察了柏杜的饲养情况，才开始相信他的管理和销售能力。年仅10岁的柏杜对鸡的生活习性一点都不了解，不过，他对这项工作有足够的耐心。他认真地观察了一段时间，发现饲养鸡崽时，需要控制小鸡的数量。如果鸡崽太多，就会有弱小的鸡崽吃不到饲料，导致发育不良，影响产蛋量。适当地减少鸡崽数量后，小鸡吃得多了，成长也会加快。但是又不能特别少，那样只会浪费空间和饲料。经过多次的试验，柏杜慢慢找到了最佳的组合——每只笼子放 40 只小鸡是最合理的。

柏杜的父亲经过了多年的养殖经验才获得这一结论，没想到柏杜仅仅用了几个月就摸索出了其中的门道。后来，柏杜开始帮助父亲管理一部分鸡场，结果他的鸡场收益超过了父亲。最后，父亲将所有的家禽饲养场都交给了柏杜管理。

柏杜之所以能够在管理企业上取得优异的成绩，正是因为他注意到一些很细小的环节，将这些看起来微不足道的小事变成了改变环境的机遇。注意事物的每一个细节，从中可以发现改变环境的机遇，自然也会发现改变我们自己的机遇。

曾经有一个年轻人到微软公司去应聘，总经理见到他非常不解，因为公司当时并没有刊登招聘广告。年轻人用蹩脚的英语说："我碰巧路过这里，于是就贸然进来了。"

总经理觉得这个理由很特别，于是破例让他试一试。可是，面试的结果很糟糕，他的技术水平很差，任何一家大公司都没有办法录用他。临走时，他解释说："我今天来得匆忙，根本没有准备。"总经理觉得，这不过是他为了挽回面子而找的托词，于是他随口应道：“好吧，等你准备好了再来。”

一周后，年轻人再次走进了微软的大门，虽然他比第一次表现得好了很多，不过依然没有成功。总经理给他的答复和第一次一样：“等你准备好了再来。”你一定已经猜到了，年轻人坚持不懈地继续参加面试。直到他坚持到第五次，终于被公司录用，并且成为公司的重点培养对象。

长辈教育年轻人的时候，常常说，做事要留心。这个“留心”，就是要留心每一个细节之处，养成一个观察生活的习惯。在波澜不惊的生活中，对于细节的把握时常可以带来“柳暗花明又一村”的惊喜，也会创造出“天生我材必有用”的机遇。不过，机遇总是那么少见又难得，抓住机遇需要用心用力，更需要持之以恒。

自卑的人没救——把自卑挡在门外

有一句话叫作狂妄的人有救，自卑的人没救。此话言之有理。

狂妄的人常常高估自己的能力，做事的时候难免态度轻慢，过分自信，在人生的行进中必然会受到挫折，甚至经历粉身碎骨的打击。但是没有关系，他尝试过失败之后，就能够重新定位自己，在过去的教训里找到重新站起来的信念。

可是，自卑的人永远躲在角落里默默无闻，他不会发言，也不去尝试。哪怕一次失败，都会让他更加的自卑，从而陷入了终日倒退的恶性循环。

我们知道“人人生而平等”，而不是“人人生而自卑”。自卑心理的形成，总是和外界的刺激有关。追溯到童年期，父母的过度责罚，老师的打击，求学中受到的挫折，都会给一个正常的孩子留下自卑的阴影。在工作中长期得不到器重，会逐渐否定自己的价值；难以维系一段平稳的感情，便对自己的人际魅力产生怀疑。另外，天生的生理缺陷、贫贱的出身、经济的拮据，都会造成一个人的自卑。

小李出生在西北的一个小镇，他从小所受的教育和周围的生活环境，都在向他灌输着自谦、隐忍、低调的文化。受到欢迎、受到他人的夸奖时，无论内心如何窃喜，都应该极力否认，并且立即谦虚地说："我做得还不够。"或"这点成绩算什么，还有很多厉害的人"。

在这样的环境下生活了二十几年后，他带着这种自贬式的谦逊来到大城市。本想靠着自己的聪明才智创造一番成就，却发现自己的才能没有受到应有的肯定，反而越发显得自卑，缺乏自我肯定的观念。

小李在西安的一所培训中心做讲师。他所在的培训中心是上海总公司的一个分部，虽然人员不多，但是作为总公司拓展业务的开路者，总经理非常重视。

有一次，总经理到西安开会，随机地听了小李的一堂培训课，结果对他的印象非常好。课后，总经理拍着小李的肩膀说："培训做得不错，有年轻人需要的那股朝气和力量。"听到总经理的夸奖，小李条件反射地说："没有，没有。其实，我对这个效果不是非常满意，我会继续努力的。"总经理笑了笑，临走之前对小李说："年轻人，好好干啊，上海那边也需要人才啊。"小李听到了总经理的话，仿佛看到了晋升的机会，于是对待工作更加认真，在培训工作上也更加用心了。

到了年终考评，区域经理召集了包括小李在内的十位培训精英，想从中挑选出两位到总部工作。同事们都在年终总结中细致地讲述着自己的优势，有的人甚至达到了夸耀的程度。小李待在角落里闷不吭声，还为那些口若悬河的人感到难为情。当轮到小李发言时，他只说了一段简短的工作总结，然后说："其实，我做得还不够，需要提升的空间还很大，但是我会继续努力的。"

最终，区域经理带了另外两名讲师到总部去。当总经理问道："小李怎么没过来？我听过他的课，他是非常不错的一个年轻人。"区域经理颇为无奈地说："其实，我也很看好这个人，能力非常强，为人也不错。只可惜，他太自卑了，永远都看不到自己的优点。这样的人，是没有办法为企业高管做培训的。"

小李永远都不会知道，从小接受的教育和家乡环境的熏陶，会让他变得不敢肯定自己，缺乏自信，甚至有些自卑，从而错失了大好的工作机会。

每个人都有自己的存在价值，但是自卑者永远看不到自己的价值。自卑表现在很多方面，至关重要的一点就是对自身价值的否定。当一个人不断地怀疑自己，贬低自己，遇到机遇也无法勇往直前时，是永远不可能变成强者的。

自卑者不是天生的，强者也不是天生的。强者之所以成为强者，在于善于战胜自己的软弱和自卑，克服内心中的恐惧，从而在心理上和能力上，都成为强大的人。从贝利的经历中，我们还可以学到一个摆脱自卑的方法，就是将自卑和恐惧揉碎在行动中。当我们将所有精力和注意力放在具体的事情上时，就能够从紧张、恐惧和自卑的情绪中解脱出来。在具体的事情中获得补偿和奖励后，自卑的心理就可以自动痊愈了。

美国著名的总统林肯，出身卑贱，而且相貌丑陋，言谈举止也缺乏风度，当他竞选总统时，甚至会遭到出身贵族的议员嘲笑说：“他不过是一个鞋匠的儿子。”不过，他最终通过自己的努力，获得了心理上的补偿。

林肯比任何人都了解自己的缺陷，而且比其他人都敏感。于是，他力求从教育中汲取更多的力量。他拼命自修，以克服教育缺乏造成的知识贫乏和孤陋寡闻。他在任何情况下都能够看书，烛光下、灯光下、月光下，尽管他的眼眶越陷越深，却始终贪婪地汲取着知识的养分。最终，他克服了自卑，成了一位有杰出贡献的总统。

善待一切——原谅他人，也要自我原谅

《相约星期二》中讲述了这样一个真实的故事：

莫里有一个好朋友名叫诺曼，他们的关系一直很好，后来，诺曼和他的妻子去了芝加哥，他们的联系也渐渐减少了。不久后，莫里的妻子夏洛特动了一个大手术，诺曼知道了这件事，却始终没有和莫里联系。

莫里非常伤心。“竟然一个电话都不打！”被好朋友漠视的滋味并不好受，他们从此中断了联系。当他们再次见面时，诺曼想要和解，但是莫里没有接受。他并不满意诺曼的解释，并将他拒之于千里之外。当莫里再次听到诺曼的消息时，已经是他的死讯。

莫里在弥留之际对他的学生说：“几年前，他死于癌症。我感到非常难过，我没有去看他，因为我一直都没有原谅他。我现在非常非常的懊悔。”说着，莫里哭了起来，完全是无声的哭泣，泪水流过了脸颊，淌到了干瘪的唇边。

莫里对他的学生说：“我们不仅要原谅别人，也需要原谅自己。”

有时候，善待他人，就是善待自己；原谅他人，就是原谅自己。当我们被他人伤害时，完全没有必要将自己绑在他人的过错上，用别人的错误来惩罚自己，更没有必要为了逞一时之强，报复他人或者伤害他人。那样只会让情况越来越糟，毁掉许多人的幸福。

或许，我们总会遇到一些无法接受的事实，或者遇到令人气愤的情景。那么，试着原谅他人吧。原谅他人的坏脾气，原谅他人的无礼，原谅他人的自私和狭隘，原谅他人的无知和愚昧。原谅了他人，也就是放过了自己。只有我们不再纠结于他人的表现，只关注自己质朴的内心时，我们的内心才能真正强大，强大到像大海一样，负载一切，包容一切。

爱迪生在找到钨丝做电灯泡的材料之前，一直尝试着各种不同的材料。一天，他和助手辛苦工作了一天一夜，又制作了一只新的电灯泡。爱迪生让助手将灯泡拿到楼上的实验室，并且千叮咛万嘱咐，千万不能打破了。于是，助手小心翼翼地接过灯泡，谨慎地走上楼梯，生怕手里的灯泡会不小心滑落。他越是这样想，心里就越紧张，手也禁不住哆嗦起来，当他走到楼梯顶端时，灯泡最终还是掉在了地上。

爱迪生听助手说清了事情的原委之后，选择了原谅他。几天后，他们重新制作了一个同样的电灯泡。完成后，爱迪生将它又交给了打破灯泡的助手。这一次，助手安安稳稳地将灯泡拿到了楼上。

事后，有人问爱迪生说："你为什么还将灯泡交给他呢？万一再一次摔在地上怎么办？"爱迪生说："第一次，我只是口头上原谅他；这一次，我用行动原谅他。"

佛经中也曾经有这样一个以德报怨的故事：

长寿王是一个仁慈的君主，他一向以慈悲为怀，轻责罚，重奖励。他在位期间，境内风调雨顺、国泰民安。可是，富庶的景象却引来邻国的嫉妒，邻国的贪王决定出兵掠夺财产，夺取长寿王的王位。当长寿王得知敌兵压境后，他主动舍弃了王位，和儿子长生一起隐遁山林。因为，他不想为保护自己的王权而牺牲掉无辜的百姓。

贪王顺利地登上王位之后，重金悬赏，想要捉拿长寿王父子。后来，长寿王为了帮助投靠他的梵志，主动被贪王擒获，于是贪王烧死了长寿王，以警大众。长寿王临死前嘱咐儿子长生说："要遵循仁爱的家风，不要向贪王寻仇。"可是，年轻的王子依旧无法放下国仇家恨，一直在偷偷地寻找机会报复。

后来，长生乔装成侍从，混到了贪王的身边。一次，贪王外出打猎，筋疲力尽的贪王想要倚在树边休息一下，于是取下了身上的宝剑，交给长生保管。长生终于等到了替父报仇的机会，拿起剑，对睡熟的贪王拔剑相向。此时，他忽然想起了父亲的遗训："仁爱世人，放下以牙还牙的冲动。"

巧合的是，贪王在睡梦中正梦见长寿王的儿子想要杀他，吓得他从噩梦中惊醒。他对长生不安地说："我梦见长寿王的儿子要杀我，怎么办？"长生安慰贪王说："大王不要惊慌，有我在此为您护卫。"于是贪王继续入睡。

反复三次之后，长生遵循父亲的遗训，选择了原谅贪王。随后他向贪王表明了自己的身份，并请求贪王说："您快将我杀了吧，以免我报仇的恶念又死灰复燃。"贪王不仅没有杀掉长生，反而被长寿王父子以德报怨的行为感动，当下悔恨自己的作为。后来，贪王将国土还给了长生，两国以后再未发生战事。

正如圣严法师所说，慈悲者没有敌人，智慧者没有烦恼。大慈大悲并不只是爱你所爱的人，还要能宽恕你的仇敌。当他人以敌意、无理的态度相向时，我们要学习以慈悲去包容，以智慧去面对。如果能够生出"以一切众生病，是故我病"的情怀，陷入仇恨纠缠中的人也能够早日回头醒脑，不再误人误己。

第七章

悲观毫无用处

一切的乐与悲、幸与不幸，都是由每个人的心态来决定的。生活就是一个不断选择的过程，你可以选择悲观还是乐观。

生活在于选择——悲观还是乐观

有一对兄弟，他们的长相不同，性情、习性也完全不同。哥哥整天乐呵呵的，看到什么都非常高兴；弟弟则整日愁眉不展的，对任何事都感到不满。爸爸想要改变他们的性格，于是想到了一个好办法。他将商店所有的玩具都买回来，放在了弟弟的房间里；随后，他将家中所有的垃圾收集起来，堆到了哥哥的房间里。

到了第二天，爸爸来到弟弟的房间，看到他正蹲在地上哭泣。爸爸问他："爸爸给你买了这么多新玩具，你为什么还要哭呢？"弟弟说："我不敢玩，玩一会儿它们就会坏掉的。"爸爸叹了一口气，走到了哥哥的房间。爸爸看到哥哥正在垃圾堆里兴高采烈地翻东西，于是爸爸问："你在干什么呢？"哥哥兴奋地说："爸爸，你在跟我玩藏宝游戏对吗？这里面一定藏着什么宝贝吧。"

显而易见，哥哥是一个乐观者，弟弟是一个悲观者。乐观者与悲观者有什么不同呢？乐观者能够享受当下的快乐，即使遇到困境也会笑脸相对；悲观者则只会怨天尤人，面对平常的生活仍然有诸多不满，面对逆境时更会精神脆弱，消极茫然。

譬如说，同样的半杯水，悲观者会说：“哎呀，只剩半杯水了。”乐观者则会说：“太好了，再有半杯水，杯子就满了。”面对同样的客观存在，悲观者看到的是前途渺茫，乐观者看到的是希望就在前方。

有两个青年到一家公司求职。面试官将第一个青年叫到了办公室，问他说：“你觉得之前工作的那家公司怎么样？”

小伙子原本喜悦的表情一瞬间就消失了，他面色阴郁地说：“唉，那里简直糟糕透了。同事之间尔虞我诈，钩心斗角。管理者态度粗暴，蛮横无理，还有许多无法忍受的黑幕，整个公司都死气沉沉的。正是因为在那里工作太压抑了，所以我才想换一个公司。”面试官说：“很抱歉，恐怕这里也不是你想要的理想世界。”

第二个青年进入办公室后，面试官问了同样的问题，他回答说：“那里挺好的，规章制度非常健全，同事们也和谐相处。如果不是想换一家公司，更好地发挥我的特长，我真的不想离开那里。”经理听完了他的叙述，笑着对他说：“恭喜你，你被录取了。”

事情的本身并没有好与坏，情绪上的感受全部来自我们的内心。或许第二个青年所在的公司和第一个青年叙述的一样，也充满了人事纷争和各种矛盾。但是，他看到了生活中积极的一面，因此生活也回应给他积极的一面。

可以说，我们以什么样的眼光看世界，世界就会回报我们什么样的成果。生活中的许多事，都会受我们心态的影响。当你改变了看问题的角度，从更快乐、更积极的方面去接受一件事，就不会有困境和逆境。我们所经历的坎坷和艰辛，不过是人生中另外一番风景罢了。

一个国王想要从两个王子中选择一个作为自己的继承人。于是，他给了两位王子每人一块金币，让他们骑着马，到远处的市集去买一件东西。两位王子按照国王的安排，各自骑着马出发了。他们目标明确地奔向了远处的集市，却不知道他们的衣兜已经被人做了手脚。他们的衣兜被剪出了一个大洞，金币早就漏出去了，根本不可能买回东西来。

下午时分，两位王子先后回到了皇宫。大王子闷闷不乐，国王问他："发生了什么事啊？"大王子哭丧着脸，说："根本没办法买东西嘛，因为我的衣兜破了一个大洞，金币掉出去了。"国王安慰着大王子，却看见小王子兴高采烈地站在一旁。国王问他："发生了什么事啊，让你这么高兴？"小王子说："我今天学到了一个重要的道理：在出门之前，一定要检查一下自己的衣兜，否则贵重的物品就要遗失了。"

基于小王子乐观的人生态度，国王最后选择小王子作为自己的王位继承人。原来，国王对他们测试的目的，并不是看谁能真的买回来东西，而是测验他们面对不幸时的态度。

悲观者总是想到最坏的结果，乐观者永远做最好的打算。当我们面对复杂的生活和纷乱的社会时，悲观一点用处都没有。它不会让我们内心强大，也不会让我们心态坦然，对未来的恐惧只会让人徒增烦恼。相反地，乐观者看到了可能的事，可操作的事情，并且将全部精力集中在这些事情上，全力以赴地行动。

大体上，人生有两种不同的态度，一种是乐观的，一种是悲观的。一样的人生，不一样的心态，也就造就了不同的生活。悲观者一边叹息着遭遇的不幸，一边为自己挖掘坟墓；乐观者则精神抖擞，在荒山上种满绿苗。悲观者的坟丘上长满了荒草，而乐观者在高山的丛林中仰望星空。

生活的态度取决于我们的选择，那么，你是选择悲观还是乐观呢？

一念之间——改变心态等于改变人生

有一位女子名叫塞尔玛，她跟随从军的丈夫驻扎在荒芜的沙漠地带。他们住在铁皮房子里，每天忍受烈日的烘烤，风沙的侵袭。周围居住的都是印第安人和墨西哥人，塞尔玛根本没办法和他们交流。她觉得每天的生活都很痛苦郁闷，充满各种各样的烦恼，生活对于她简直就是一种地狱式的折磨。更糟糕的是，丈夫不久后奉命远征，要很久之后才能回来。塞尔玛孤身一人住在荒漠里，整天愁眉不展，以泪洗面。

一个人远在异乡，内心痛苦时就会想得到亲人的安慰，于是塞尔玛写信给父母。不久后，父母的回信到了。可是，内容却让塞尔玛非常失望。父母没有安慰她，也没有叫她赶快回家。偌大的信纸上只写了短短一段话："两个人从监狱的窗户往外看，一个人看到的是地上的泥土，另一个人看到的却是天上的星星。"

一开始，她非常失望，觉得父母已经不再爱她，不再关心她了。后来，她终于明白了那句话的意思。现在的她，就好比是只看到地面泥土的那个人，根本不知道抬起头就能看到星星。既然只要一抬头就能欣赏星星，就能享受到星光灿烂的美好，为什么我不去尝试一下呢？

改变了自己的想法之后，塞尔玛开始主动寻找生活的乐趣。尽管语言不通，她仍尝试着去和印第安人、墨西哥人交朋友。结果，她惊喜地发现，他们并不是野蛮、尚未开化的民族，反而非常热情好客。同时，她还开始研究当地的仙人掌。广袤无边的沙漠上，任何植物都没法生长，只有大片大片的仙人掌生生不息。塞尔玛一边观察，一边记录，同时被仙人掌的千姿百态所折服。

从此以后，她的生活发生了根本的变化。原本看似苦闷的生活一下子充满了春天的色彩，塞尔玛的脸上也浮现了久违的笑容。后来，塞尔玛将这段生活写成了一本书，鼓舞了许多尚在困境中的人。

我们知道，塞尔玛生活的环境并没有发生变化，她依然住在铁皮房子里，沙漠的高温一直保持在45摄氏度，当地人依旧过着往常的生活。可是，为什么塞尔玛的心情大为改观了呢？一切都来自她心态的改变。她已经从一个只会看地面上泥土的人，变成了一个抬头仰望星空的人。困境依旧是困境，但是她放弃了哭泣，选择了微笑。

有人说，20世纪最伟大的发现，就是改变心态可以改变环境。虽然这种说法听起来有点唯心的意味，却不能否定它的正确性。就像佛家说的“不是风动，不是幡动，而是心动”，当我们改变心态时，世界也在跟着改变。

心简单，世界也就简单；心复杂，世界也就复杂。这个“心”，正是我们的心态。当我们改变心态时，改变的不仅仅是对外界、对自己的态度，还有言语和行为。当我们的外在表现发生变化时，他人给予的反馈也会产生相应的变化。可以说，千万种人有着千万种的命运，而决定这些不同的因素，正是每个人的心态。

清朝时，有一位叫吴棠的人在江苏做知县。一天，有人来报，说吴棠的一位世交过世，送丧的船就停泊在城外的运河上。于是，吴棠派差役送去了二百两银子，并承诺说自己有空的时候再去吊唁。

送银子的差役回来，对吴棠说：“死者的形象与您的世交不太相符。”吴棠细问之后才知道，原来送错了对象。吴棠为此很生气，立刻命令差役追回这二百两银子。

吴棠身边的师爷思考了一下，提醒吴棠说：“送出去的礼再要回来，会有损知县的形象，不如做个顺水人情。”吴棠想想也对，第二日还专门去船上吊唁了一番。

原来，错收二百两银子的家属是两位满族姐妹，因为家道中落，人情冷漠，才害得两个姑娘亲自护送父亲的灵柩。一路上孤苦伶仃，无人嘘寒问暖。当吴棠前去吊唁时，她们以为吴棠是她们父亲的故交，心中甚感欣慰。吴棠不曾说破，在船上吊唁一番后便离去了。

谁也不曾想到，多年之后，当年那两姐妹中的姐姐成了慈禧太后，在朝廷中垂帘听政，成了清朝的最高统治者。慈禧没有忘记当年给予接济的吴棠，让他的官职一升再升，最后做到了巡抚，地位显赫一时。

说起来，人与人之间的差异非常渺小，可是，往往渺小的差异能够造成巨大的差别。同一件事用两种不同的心态去做，结果可能截然不同。所以说，改变心态等于改变人生。

萨特说：人生无法改变，人生的所有意义在于你的赋予。赋予人生不同的意义，就是以某种心态去面对它，去填充它。拥有积极的心态，能帮助我们笃定重建人生的信心，还可能在无意间收获人生中的惊喜。

抛弃悲观的情绪——用微笑面对困境

郑笑笑失恋了，一个人坐在公寓楼下的花园里哭泣。她哭得悲恸欲绝，惊动了在一旁打扫落叶的孙阿姨。孙阿姨走过来问她："你为什么哭得这么伤心啊？"笑笑回答说："我和青梅竹马的男朋友分手了，十多年的感情啊，说没就没了，我心里难受死了。"

笑笑原本想，这位阿姨会好生安慰她一下吧，没想到孙阿姨却哈哈大笑起来。笑笑不耐烦地说："人家失恋了，你怎么还那么开心哪？我受了这么大的打击，都不想活了，你不安慰我就算了，居然还笑话我。"孙阿姨说："其实，你也应该开心啊。你根本就不用伤心难过嘛，真正应该难过的是他。你只是失去了一个不爱你的人，而他却失去了一个爱他的人。"笑笑觉得孙阿姨的话非常有道理，于是停止了哭泣。

很多人生活得痛苦，过得不开心，不快乐，并不是因为生活中的烦恼和难事，而是因为内心的悲观。如果一个人能够不抱怨生活带来的太多磨难，不抱怨生活中的太多曲折，不抱怨那么多的不公平，用微笑面对生活的困境，世事阅尽之后，就会发现自己的一生快乐多过痛苦，希望多过绝望。

微笑地面对生活，它和贫富无关，和地位无关，和自身的处境也无关。一个穷人整天为生计发愁，一个富翁也可能每日忧心忡忡。即使身处贫困、疾苦，或者人生中的低谷，也能够面带微笑，从容以对的人，才是真正内心强大的胜利者。

当有人问及美国的副总统威尔逊，贫穷是什么滋味时，他讲述了自己的一段故事。

威尔逊 10 岁的时候就离开了家，在 11 年的学徒经历中，每年只有一个月的时间可以接受学校教育。经过 11 年的辛苦工作，他得到的报酬是 1 头牛和 6 只绵羊，结果威尔逊将它们换成了 84 美元。

他刚过完 21 岁的生日，便带着大队人马进入了大森林，开始采伐那里的大圆木。每天，他都需要在天空泛白之前起床，一直工作到天黑后星星出现才能休息。微薄的报酬在他看来却已经是非常珍贵的财富。他从来没有在娱乐上花过一分钱，因为他的每一分钱都是精打细算的。

在这样的穷途困境中，威尔逊并没有得过且过，也没有消极悲观，而是抓住每一个发展自己、提升自己的机会。由于没有时间到学校接受教育，他只能利用零星的闲暇时间自学。在他 21 岁之前，他已经读完了 1000 本书。对于一个从未接受过正规教育的年轻人，这根本就是一个不可能完成的任务，但是威尔逊做到了。

每个人固然都希望人生处在顺境中，不需要整天为了未来苦恼，可以毫不费力地到达理想的彼岸，可惜并不是所有人都那么幸运。当一个人由顺境突然转入逆境怎么办？或者说，如果一个人始终处在逆境怎么办？这时候，就需要我们抛弃悲观的情绪，用微笑来面对困境。

1998 年 7 月，在纽约友好运动会上意外受伤的桑兰，从一个体操界默默无闻的小姑娘，变成了全世界瞩目的人。这一切，都来自她在面对人生变故时，表现出来的乐观和坚强。

当时，桑兰正在热身，为即将开始的跳马比赛做准备。比赛开始后，她从容地助跑、起跳，可是在她起跳的瞬间，一个别国的教练在鞍马前探了一下头，这一举动分散了桑兰的注意力，最后导致她的动作变了形，从高空直接栽到了地上，而且是头部着地。这次摔伤造成她的颈椎骨折，胸部以下高位截瘫。

事后，桑兰的主治医生说："桑兰表现得非常勇敢，从来没有抱怨过。"随后，许多纽约当地的普通人到医院看望她，被她的乐观态度所感染。美国总统克林顿、前总统卡特和里根都曾给桑兰写过信，赞扬她面对悲剧时表现出来的勇气。这一切，并不只是因为她受伤了，而是因为她的精神感染了所有人。

原一平说：走向成功的路有千万条，微笑和信心只是助你走向成功的一种方式，但这又是不可或缺的方式。如果你的长相不好，就让自己充满才气；如果连才气都没有，那么就保持微笑。

当我们受到他人曲解时，可以选择愤怒，也可以选择微笑；当我们遭遇事业的滑铁卢时，可以选择悲观放弃，也可以选择从容应对。微笑是一种表情，更是一种应对生活的态度。

动辄得咎——不要过分计较得失

“动辄得咎”是《易经》中的一句话，说的是只要你选择做事情，就会有得有失，就可能受到责备。很多人，或者说大多数人，一辈子都徘徊在得失之间，患得患失。他们看不到长远的目标，因此紧紧地盯住眼前的一切，最后变得只能看到眼前的利益，而损失了内心的标准。

新东方的总裁俞敏洪在演讲中曾经提到这样一个故事：

山东省是一个蔬菜大省，很多蔬菜基地都做出口生意，将蔬菜销售到韩国、日本等地。当时，一个蕨菜基地就专门做日本的出口生意，而且已经成了当地支柱性的经济来源。

按照日本人的要求，当地的菜农需要将蕨菜放在太阳底下晒干了才能打包运到日本去。可是，由于放在太阳底下晒干需要两天的时间，菜农为了尽快获得经济收益，就将蕨菜收回家用铁锅烘烤。可是，这样的做法存在缺陷。烘烤的蕨菜表面上是干的，但是里面仍有水分，日本消费者买回家后，用开水根本泡不开。

日本的商人得到反馈之后，警告当地的菜农，不要用铁锅烘烤，一定要放在太阳底下晒干。大部分的菜农遵守了约定，规规矩矩地放在太阳底下晒，但是也有部分人不愿意遵守，依旧偷偷地把蕨菜放在铁锅里烘烤。结果，日本人发现后，彻底断绝了跟这个地区的所有蕨菜交易。一夜之间，失去所有经济来源的菜农，重新回到了贫困的生活中。

我们可以说这些人目光短浅，也可以说他们太过计较眼前的利益。一切的缘由，不过是人类本性中的贪婪，总是想要得到，再得到，永远只进不出才最好。

其实，得到和失去就像是钱币的两面，当你看到正面时，就一定看不到反面，你看到反面时，就看不到正面。俗语说，有得必有失，这就需要我们用正确的心态对待生活中的得失，不过分计较。

电视剧《神奇律师》在筹拍第二季前，所有的演员都开始放假。这时，米勒接到一封来自好友本的电子邮件，询问他是否有兴趣参加南极洲的越野赛。米勒感到非常意外，甚至惊喜得从椅子上跳了起来。

在惊喜之余，米勒也面临一个重要的选择。如果他真的去了南极的话，需要先到挪威集训，然后才能开始准备越野赛，当第二季开拍的时候，他可能就没有机会参加了。对于已经在电视剧里客串过各种小角色的米勒来说，这是一个不小的损失。不过，当他将这个消息和其他两个好友分享时，他们却觉得值得冒这个险。“不是所有人都有机会在冬天的挪威跳入冰冷的湖水的。”

当米勒首先来到寒冷的挪威，学习适应南极洲的生活时，他就知道自己选对了。每天从帐篷中出来，他们就需要做好徒步一天的准备，看着天空中炫目的极光，他和随队的摄影师激动得手舞足蹈。在特训中，他学会了越野滑雪，学会了驾驭雪橇，学会了怎样在冰川上生火以及怎样防止冻伤。

后来米勒回忆说：“当时我觉得，这一切太美好了。虽然错过了第二季的拍摄显得有些遗憾，但是这趟旅行非常值得。”

生活中总有那么一些人，他们做什么事情都要反复思量，再三衡量价值之后才能做出决定。即使事情开始进行了，他们还是放心不下，方方面面地开展观测和探究，担心事情搞砸，也担心别人对自己的看法。这种患得患失的态度，让自己辛苦，让身边的人也觉得辛苦。

有一句话说得好：“人生常有得有失，但不可患得患失。”随性而为或许有些冒险，展示的却是最真实的自己。摆脱了整日笼罩的得失阴影，心里反而能够得到更多的安宁。

《孔子家语》里记载着这样一个故事：有一天，楚王外出游玩，不小心丢了他的弓，手下的人正要去找，楚王说：“不必了，虽然弓掉了，总会有人捡到，不管怎样，反正都是楚国人得到，又何必再去找呢？”

孔子听说这件事，感慨道：“楚王的这种心态很好，但楚王的心还是不够大呀！为什么不讲人掉了弓，自然会有人捡到，而去计较是楚国人捡到呢？如果能这样，那不是更加不会计较，更加放得开，更加自在了吗？”

放下完美情结——瑕疵也是一种美好

在日本茶道界，有一位德高望重的茶道大师，他就是利休。利休是一个典型的完美主义者。

有一天，他让儿子正庵去打扫茶室的庭院。正庵打扫完毕后，回来向利休报告。利休检查了一遍，说："这不够干净，再打扫一遍。"正庵到庭院中继续打扫，然后回来报告，可是利休还是说："还不够干净，再打扫一遍。"累到无语的正庵第三次打扫庭院，结果利休依旧说："还不够干净。"

恼怒的正庵对利休说："爸爸，踏脚的石头我已经洗了三次，石灯笼和树木通通洒过水了，青苔和绿藓都很翠绿，地上连一小片树叶都没有了，再也没有可以扫的东西了！"

利休说："这根本不是打扫庭院的方式！"说着，利休几步走入院中，抓住一棵树摇了一下，一瞬间地上就布满了各种颜色的落叶，利休说："这才是打扫庭院的方式。"

利休一辈子都在追求一种近乎自然的完美主义，连生活中的小事也不放过。

其实，完美主义者要求的并不是一尘不染，而是一种意识上的纯净。当完美主义者创造了一种优美和精致的高尚生活时，才算是对自身生命最完美的诠释。然而，只要我们从精神世界回到凡夫俗子的尘世就会发现，完美主义者的完美情结有着一种近乎自虐的固执，不仅让自己生活在一种严苛的要求中，也让身边的人跟着受罪。

傍晚时分，苏珊在超市里耐心地挑选着水杯。虽然水杯的种类齐全，式样齐备，可是她挑来选去都没有挑到完全合意的。大一点的，提着太重，且和她的淑女气质不相符；小一点的，样子倒是挺好看的，却需要不停地跑茶水间，一点都不实用。要么就是用料差，要么就是不够时尚，苏珊不住地抱怨道："生产水杯的厂家怎么一点想象力都没有！"

两个小时过去了，她终于挑到了一个样子典雅的不锈钢保温杯，到了收银台又发现，现在是冬天，拿着冰冷的不锈钢外壳实在难受。苏珊放弃了结账，重新回到水杯专柜，继续挑。

一同陪伴的莉亚是不久前听闻苏珊的完美主义情结的，没想到见到真人后，发现她是一个不折不扣的完美主义者。正是因为对生活的一切都非常讲究，每一个细节都要满足她的要求，使得公司的同事一边佩服她的能力，一边对她敬而远之。

苏珊相貌迷人，能力超强，名牌大学的出身更为她的职业发展打下了良好的基础。如果换作别人，可能早已开始享受生活，规划自己的家庭未来了。苏珊却将所有时间都放在了工作上，成为了公司最有名的工作狂。

说到专业知识，她不仅在管理上很有手段，还非常熟悉投资、金融方面。可是，她却永远是公司最勤奋、最敬业的员工。她每天就像一台推土机一样，铲平前方的一切麻烦。每个周末，苏珊都会自愿到公司加班，而且从不申请加班费，正因如此，原本应该三个月完成的项目，她一定要在两个月之内搞定，于是，配合项目工作的同事就要跟着她一起受苦。

在工作上，一旦有人出现纰漏延误了她的行程，除了等着挨训，就是拎包走人。因为苏珊时刻监督着每一个细节，绝对不允许工作中出现差错。她刚过 30 岁就患上了神经衰弱和胃溃疡，即使因为这样，她也不肯享用公司的带薪休假。

苏珊承认自己是一个完美主义者，但却无法让自己轻松下来。“我根本不能接受事情变得糟糕，或者让那些蠢货搞砸我的项目，就是这样，我没有办法放弃。”

完美主义者古来就有，但是在这个竞争激烈的社会，好像越发多见。实际上，单纯地追求完美并不是一件坏事。那些能够坚持自己主张的人，往往内心目标明确，而且意志坚定，自律性强，能够按照目标规划结果，且常常取得非凡的成就。

可是，正是这些优秀的成绩和过人的聪明才智，让他们变得比一般人尖锐，无法忍受得过且过的日子，更忍不住对那些草草了事的人嗤之以鼻。所以他们眼里容不得沙子，更容不下自己的缺点，对他人刻薄，对自己更加刻薄。

这些完美主义者，有些是自知的，有些却是不自知的。他们只知道不断地向前，完美地完成一项工作之后，再朝着另外一个完美进发。可是，这些完美主义者永远不会想到，或许瑕疵也是一种美好。就像我们看断臂的维纳斯一样，虽然有缺陷，但是更加真实。

强大的内心不在于我们能够将事情做得多么完美无瑕，而在于我们能够接受这个不完美的世界。人生总是不完美的，工作也是不完美的，爱情同样无法完美。过分追求完美本身就是一种瑕疵和缺陷。坦然地接纳这个世界的不完美，我们才能从容地应对外界的变化，平静地生活。

懂得知足——你不是最不幸的那个

在印度，有一个非常古老的故事。一个高人挑选了一百个自认为最倒霉、最痛苦的人，让他们将自己的痛苦写到一张纸上。等所有人都写完了之后，高人让他们将手中的纸条互相交换。这些人被高人的举动搞得一头雾水，却也按照他的要求做了。他们互相交换纸条后，分别看到了别人的痛苦。这时，他们才感觉到，和别人相比，自己并不是世界上最不幸的人，因为有很多人过得比自己更痛苦。

看看生活中很多过得不快乐、不开心的人，是不是也像那些人一样，觉得自己是最不幸的人呢？人们最容易犯的错误，就是整天羡慕别人的幸福，而对自己的幸福熟视无睹。同时，还会对自己的不幸耿耿于怀，却永远看不到，别人的不幸似乎更加严重。

那些自认不幸的人，应该常常这样想：如果你每天起床还身体健康，还能自由地呼吸和活动，那么你已经比几百人幸运了。

那些久卧病榻的人，他们随时可能看不到明天的太阳；如果你生活在和平的社会，没有经历过战争的危险，没有忍受饥饿和恐惧，那么你已经比几亿人幸运了。那些处在冲突地区的平民，随时都可能被炮弹夺去生命。

人要学会知足，因为这个世界上还有很多比你不幸的人。

在朱德庸的漫画中，描绘了一个对生活失望的女生。她觉得自己过得非常不幸，终于有一天，她选择了跳楼自杀。

她从高楼上慢慢地往下坠，看到了每一层人家的不幸生活。住在10楼的年轻夫妇一向以恩爱著称，此刻却在争吵中动起手来，正在互殴；住在九楼的小伙子向来给人阳光、坚强的笑脸，此刻却在一个人偷偷地哭泣；8楼的小姑娘被男友劈腿，此刻正将男友和自己最好的朋友捉奸在床；7楼的中年女子身患抑郁症多年，每天需要服用抗抑郁药才能正常生活；6楼刚刚失业的阿喜正在报纸堆里寻找各类的招聘信息……

在她跳下楼之前，她以为自己是世界上最不幸的人，当她渐渐接近地面，看尽了众多人家的不幸遭遇时，才发现每个人都有不为人知的困境。当她轰然落地，所有的人都从窗口探出头来看她时，她想："这个时候，他们应该觉得自己过得还不错吧。"

为什么我们总是羡慕别人的幸福而忽略了自己的拥有呢？为什么我们总是夸大自己的不幸而看不到他人的不幸呢？为什么我们的生活水平在提高，幸福指数反而下降了呢？

有时候，我们真的需要换位思考一下，感受一下别人的痛苦，然后再回头来看看自己的生活。这时，不仅可以淡化自己的烦恼，同时还会感恩于自己所有的一切。

有一个满怀志向的年轻人，他从家乡来到一座大城市，想要通过经商赚些钱，然后衣锦还乡，光耀门楣。年轻人很聪明，不到三年的时间就赚到了一个不小的数目。他将所有的钱都投到了下一批货品里，本想做完这一单后，就可以回老家给父母修一座新房子，让他们过一个幸福的晚年。不料，一场大火烧光了他所有的库存，一切美好的规划都成了泡影。

陷入绝望的年轻人来到了一座山崖上，想要从山崖上跳下去，结束自己的生命。当他走到顶端时，发现山崖上有一个老人，正在左右踱步，徘徊着想要跳下去。年轻人走到跟前，好奇地问老人说："您为何在此徘徊啊，难道也要寻死不成？"老人说："我身患重病，这几年看病花掉了家里所有的积蓄，可是看遍了名医依然不见起色。眼看着妻子、儿女整天为我奔波受累，生活上省吃俭用地帮我筹措住院费，我实在是看不下去了呀。如果我死了，他们过日子就可以轻松一点，也能够考虑自己的生活了。"

年轻人正在思虑着老人的话，老人回过头来问他："小伙子，你又是为何来到这里呀？看你年纪轻轻的，难不成也是来寻死的？"年轻人将自己的不幸遭遇向老人讲述了一遍。老人说："看来你运气也不好，咱俩没差到哪里去呀。"年轻人说："我原本以为自己太不走运了，可是像我这样的人应该还有很多。我不过失去了三年奋斗的结果，但是我还年轻，随时可以从头再来。”老人也说：“我也一样啊。我不过暂时失去了健康，可是我还有贤惠的妻子和孝顺的儿女。我应该感到知足才对呀。”两个人说着，一起远离悬崖，朝着人生路继续向前走去。

希望永远都在——做个积极向上的人

有一个年轻人到商店里去买碗。来到店里，他随手拿起了一只碗，然后开始敲击其他的碗。听着碗与碗之间碰撞后发出了沉闷的声音，他失望地摇摇头，接着去试另外一只碗。他将店里的碗通通敲击了一遍，也没有找到一只令自己满意的。

这时，老板拿出了店里的一只精品碗，结果年轻人还是失望地摇摇头。老板非常纳闷，于是问他："你到底想要找什么样的碗呢？"年轻人得意地说："曾经有人告诉我一个挑碗的诀窍，当一只碗和另一只碗轻轻相碰时，如果会发出清脆、悦耳的声响，那么它一定是一只好碗。"

老板听过年轻人的诀窍，随手拿起一只碗递给他，说："你拿着这只再去试试，保管你能挑中心仪的碗。"年轻人狐疑地拿过碗，重新回到货架上开始敲击。奇怪，竟然真的挑出了他中意的碗。

年轻人问老板："这其中有什么原因吗？"老板笑着说："道理很简单，因为你刚才拿的那只碗本身就是次品，你用它去试，必然碰撞每只碗的声音都是浑浊的。”年轻人恍然大悟。

实际上，挑碗和做人是一个道理。当你带着一颗冷漠的心对待生活时，生活也只能回报一堵厚厚的墙。相反地，对待周围的人和事，带着一种永不放弃的热情，用乐观寻找乐观，最后才能有所收获。

同样是活着，有的人活得精彩，活得出色，有些人却活得失意落魄，愁眉不展。其中的差别，就在于态度和选择。有人说，积极的人像太阳，照到哪里哪里亮；悲观的人像月亮，初一十五不一样。做个积极向上的人，即使身在低谷也能看到希望。

在《县厅之星》中，织田饰演了一个命途多舛的县厅公务员野村聪，虽然无论工作成绩还是自尊心都要高人一筹，却难抵时运不济，在晋升的路上兜了一个大圈。庆幸的是，野村一直带着一种积极向上的人生态度，对人生的未来充满希望。

初到县厅工作，野村已经表现出强烈的晋升意图。他熟识官场机构的运行操作，也了解自身的缺陷所在。因此，他压抑着骄傲的自尊心，忍耐着傲慢无礼的上司，对上司的决策悉数接纳，然后小心地操作。同时，他还交到了一个家世雄厚的女朋友，有了出身名门的女朋友做自己的后盾，野村的人生可谓顺风顺水，前途无量。

除了眼前的工作，他还准备策划一个“特别护养老人设施建设”的大项目。只要将这个项目顺利搞定，他就可以借着这一跳板，顺利地向更高的地位迈进。可惜，这个项目的进行遭到了人民团体的反对，眼看着一块到嘴的蛋糕就要变成别人的，野村甚是着急。

伪善的上司向野村提议，可以到基层进行调研，熟悉了人民的意愿之后才可以知己知彼，重新开始。实际上，这不过是上司想要放弃他的手段，不久后，他就被“特别护养老人设施建设”项目组除名。无奈之下，野村来到了被当地称作“龙头企业”的单位——一家客人稀稀拉拉、店员慵懒成性的超市。从一帆风顺的仕途上，一下子掉落到惨淡的民间，野村内心非常痛苦，他的一身才华也失去了用武之地。福无双至，祸不单行。就在他工作不顺之时，作为他晋升后盾的女友也和他提出了分手。此刻，他的人生彻底跌入了谷底。

度过了一段消沉颓废的日子之后，野村重新振作了精神，开始真正关心起超市的生死存亡。在这个没有文件手册和组织图的超市里，野村的才华显得大材小用，不过他还是耐心地制定了一个工作手册，让松散的工作人员开始紧张和忙碌起来。

在超市面临倒闭时，野村努力争取，一位美丽的女职员也帮助野村一起渡过了危机。他们成功地向县政府申请到给超市翻新的材料，还迫使县政府废除了劳民伤财的工程，而野村本人，也重新回到了生活的正轨，朝着他的“县知事”目标努力。

人生很多时候都是这样，眼看着胜利就在前方，目标唾手可得，往往就在关键时刻与之失之交臂。可以说，挫折就是一把双刃剑，事情的结果往往都取决于我们的态度。遇到困难的时候，不妨将这逆境看作是考验自己的机遇。积极地应对，永远抱着对自己的信心，对未来的期待，坚持努力，只要不放弃，希望永远都在。

从前，有两个盲人靠说书卖唱谋生。师父带着徒弟，每天坐在街边，赚一些钱，勉强维持生活。徒弟拜师多年，一直都没有学好琴艺，因为他整天都在为自己的眼睛发愁，卖艺时也只是坐在角落里唉声叹气。师父常常训斥他说："你不学好手艺，等我死了，看你怎么活？"

有一天，师父真的病倒了。临终前，他对徒弟说："我这里有一张复明的药方，我将它封进你的琴槽中，当你弹断一千根琴弦的时候，你就可以取出药方。记住，你弹断每一根弦时必须是尽心尽力的。否则，再灵的药方也会失去效用。"徒弟牢记师父的遗嘱，为了自己的眼睛能够复明，每天苦练琴艺。

一晃 50 年过去了。徒弟已经花白了头发，脸上长满了皱纹。这时，他终于弹断了第 1000 根琴弦。他迫不及待地打开琴槽，取出里面的药方。当他带着药方到药店抓药时，药店的伙计告诉他，那不过是一张白纸。

失望之余，徒弟终于明白了师父的良苦用心。这么多年来，他为了尽早地得到药方，始终带着期待苦练技艺，最终他凭借手艺活了下来，并且成为远近闻名的艺人，师父的药方就是他今天学到的手艺。

第八章

不做情绪的奴隶

情绪有正有负，负面的情绪在所难免。虽然负面情绪的发生不可选择，我们却可以选择不做情绪的奴隶。

莫生气——不生气是因为不值得

第二次世界大战期间，一位在维也纳做律师的男子从家乡逃到了瑞典。因为匆忙离家，到了瑞典他已经身无分文。此时，最重要的事就是找到一份工作，获得一份糊口的收入。社会混乱，每个人都在逃命，律师已经显得不再重要。他思考了自身的优势，他精通多国的语言，于是他想要在进出口公司谋到一个秘书的职位。

战事的蔓延让许多做跨国贸易的公司受损，因此他们只是将他的档案留存，没有人愿意提供给他一份工作。不仅如此，其中一个公司的回复还非常刻薄，让他看了之后一下子就火冒三丈。信上说："你对我们的生意一点都不了解，我根本不需要什么懂得外语的秘书，即使我需要这样一个人，你有什么资格胜任？"

他看完信简直要气疯了，对方不仅说他的瑞典文非常蹩脚，而且态度傲慢无礼。生气之余，他马上写了一封言辞激烈的信，想要给对方一点颜色看看。但当他冷静下来之后，突然觉得那人说的有些道理。他的确自学过瑞典文，却也没有那么精通，说不定求职信中真的犯了低级的错误，而他自己没有发现。虽然这封回信让人感到愤怒，但对他来说却是一个不错的提醒。至少他知道，如果自己想要在瑞典找到一份工作，还需要好好学习瑞典文。

他想通了之后，撕掉了那封准备寄出去作为还击的信，并重新起草了一封感谢信。不久后，他又收到了那家公司的信，这一次，这家公司为他提供了一份工作。

俗话说，不能生气的人是笨蛋，而不去生气的人才是聪明人。总有些事情、有些人的言语和行为让我们感到气愤，但是回头想想，那些事根本就不值得我们动怒。叔本华是一个悲观的哲学家，因为他认为生命是一个十分痛苦的过程，整个人生都在绝望的谷底痛苦地挣扎。但是，他还是说出了充满慈悲的话：如果可能，不应该对任何人存有怨恨心理。

人生中，有很多事情是需要在乎的，比如人格、尊严、做事原则和道德操守，也有很多事情是不需要在乎的，比如得失、沉浮、流言蜚语和恶言相向。生命那么短暂，我们还有许多重要的事去做，还有许多人需要关心，如果将精力都放在那些琐碎的事情上，让毫无意义的生气、恼怒、不良的情绪占据我们的时间，那岂不是太不划算了吗？

方宇在广告公司做客户经理，大家都称他为“客服专员”，因为他每天的工作就相当于专门为客户解决问题，收集客户回馈的客服人员。他每天需要接几百通电话，接待几十位来访的客户，处理各种各样大大小小的问题。如今，他已经练就了沉稳干练的气度，任何事都没法激起他的脾气了。一切功劳，都要算在那些难搞又难缠的客户身上。

王先生是公司的一个老客户了，去年就和公司签了一年的广告合同，家财丰厚，就是出了名的抠门。这一次他想要做一个保健品推广，需要做大型户外广告牌，于是又找到了方宇。方宇和他谈妥了方案之后，交完定金，行政开始准备合同，设计员也开始设计广告方案。

没想到，到了签合同那天，王先生突然要在四周加上 Logo。可是，此时广告方案已经拿出去制作，根本没办法添加。方宇和王先生谈了一会儿，不依不饶的王先生一开始拒签合同，后来对方宇破口大骂，还想要拿回定金。方宇耐着性子等他冷静下来，没想到王先生主动提出要求："如果你再给我 10% 的折扣，这 Logo 就不用加了。"方宇心想，说来说去，兜了一大圈，不过是想省钱。方宇拒绝了他的要求。当他要求见总经理时，又被方宇严词拒绝了。后来，两个人僵持在会议室里，空气像死亡一般沉静。方宇怒火中烧，却也不好发作，终于好说歹说地说服他，合同顺利签完。

送走了王先生，同事们都替方宇不平。有人说："那就是个老滑头，说来说去不就是想拿折扣。""就是，去年跟他合作都受着气呢，给他最低的折扣还不满意！"同事们都在替方宇打抱不平，他自己却哼着小曲儿进茶水间了。当有人问他说："刚被人骂了个狗血淋头，你还有心情唱歌？"方宇笑着说："这种人啊，做生意就完了，跟他生气？犯不上！我有那么多正经事儿呢，哪有时间跟他生气呀。”

善妒的女生见到男朋友偷看漂亮妹妹想要大打出手；小气的人在公交车被人踩了一脚就横眉冷对、喋喋不休；吝啬的同事被人碰落了一个音乐盒都要出言不逊，大动肝火。回头想想，何必呢！

人生短暂，如果总是为了些芝麻绿豆的小事儿生气的话，简直就是在浪费时间、浪费精力、浪费生命。静下心来想想，将心思放在理想上、放在工作上，哪怕放在锻炼身体上，都比生气来得值。

《莫生气》中这样说道：别人生气我不气，气出病来无人替。我若气死谁如意？况且伤神又费力！虽然是浅薄、平实的句子，却道出了人生当中的大道理。

给头脑降温——熄灭心头怒火

季华一大清早从办公桌上醒来，匆匆忙忙地吃点早餐，赶紧回家补一觉，因为下午还得回来听报告会。昨晚上老大要她和倩倩留下来加班，结果老大刚走，倩倩就假托家里有事，非走不可，一个人从后门溜走了，剩下季华一个人加班到凌晨。季华心想："这个时候估计早已经没有公交车了，不如直接在办公室睡一会儿。"结果一直睡到了第二天清早。

季华回到家里，在床上没躺两个小时，老大就打电话让她回公司。稀里哗啦地洗漱一下，换了一身衣服，她又匆匆忙忙跑回公司。跑到经理办公室，才刚坐下来，老大就气呼呼地冲进来吼道："你白痴啊，交过来的企划案漏洞百出，竟然还有错别字，你工作的时候不走心的吗？这样的方案我怎么拿去给客户看？我真是瞎了眼，竟然让你负责。"

季华顿时火冒三丈，她一边低头听着老大的怒吼，一边在心里反驳："我一个人卖命工作到深夜，结果你不去骂开溜的倩倩，却跑来对我恶言相向，你才是白痴呢，你全家都是白痴！"老大骂了大概有五分钟，然后把文件夹扔给季华，说："下午见客户，你现在就回去改，我要的是一个没有一点纰漏的策划方案。"

季华心里越想越气，心跳加速，血压升高，她都能感觉自己脸上的血管绷起来了。此刻她最想做的事就是打开窗户，将总经理从二十四楼扔出去，让他在大地上开出一朵美丽的花。

说实话，每个人都会有愤怒的时候，像季华这样的愤怒在工作中也是最常见的。来自上司的指责，同事之间无法合作的怨气，或者是客户居高临下的傲慢都会成为一个人情绪火药的导火索。

通常情况下，如果有人做了让我们生气的事，我们会觉得非常痛苦，并且想要用同样的方式报复回去，让对方也体会到同样的痛苦。如果及时地达到了目的，心里就会觉得安慰些。虽然这是一种近乎幼稚的行为，却是一个熄灭怒火的有效途径。看到对方愤怒，或者对方痛苦时，我们的怒火马上就消失不见了。

立马爆发的人，的确可以瞬间发泄情绪，让内心清明舒畅，却也最容易搞得人仰马翻，自身的形象毁于一旦不说，辛苦建立起来的上下级关系、同事关系也会功亏一篑，最悲惨的就是，发泄了内心的愤怒之后，惹恼了上司，害得自己灰溜溜地走人。不过，压抑怒火的人也不见得真的会相安无事。没有马上发泄，而是选择压抑愤怒的人，表面上能够顺利地工作，内心深处却可能留下挥之不去的阴影。

如果说职场中的这些愤怒是不可避免的，我们需要学习的就不是如何压抑内心的愤怒，而是让内心中巨大的负面能量得到疏解，从而不至于影响工作情绪，也不会影响身体的健康。

古罗马人手里总是拿着一种特别的杯子，遇到气愤时就把它打碎，从而让内心的怒火发泄出来，消灭愤怒的情绪。日本的普通职员会在事务所里放一个上司的泥塑，当被上司批评或者训斥后，他们就会敲打泥塑发泄。当然，如果真的像古罗马人那样，遇到愤怒的事情就砸杯子，未免显得太浪费了，将上司的泥塑放在办公室里同样存在风险，不如我们选择一些容易实现，还不会伤害到自己的发泄方式。

下面是发泄愤怒的方法，可以作为愤怒时的参考。

1. 放声地大哭。哭是一种非常有效的宣泄情绪的方法，既不害人也不害己，哭完了，你会感觉全身轻松。因为眼泪能排出负面情绪在体内堆积的毒素，而且泪水中含有一种化学物质叫作内啡呔，它是身体的天然止痛剂，能缓解情绪带来的痛苦。

2. 对着远方高声喊。找一僻静处大声吼唱，能够释放心中的愤怒。当压抑的怒火随着空气被肺部挤压到体外时，糟糕的情绪也会随之消失。

3. 书写。把自己的愤怒用语言写下来。这也是一种宣泄的渠道，有写日记习惯的人可以考虑选择这种方法。当内容写完的时候，内心的愤怒也就悄然而逝了。

4. 运动宣泄。打球、跑步、跳绳或者仅仅是到运动场上酣畅淋漓地跑上十圈，都能够迅速地缓解愤怒的情绪。

冲动是魔鬼——理智才能正确决策

三国时的张飞和关羽都是无人能敌的猛将，可惜他们都没能逃过身首异处的下场。其中有世事变迁的原因，也有他们自身性格的理由。如果说关羽是过分在意自己，自恋孤傲的性格导致了最后的败北，那么张飞的悲剧绝对来自他暴躁冲动的性格。

建安元年，刘备等人占领了徐州之后，袁术准备攻打刘备夺下徐州。为了防备袁术来犯，刘备派张飞驻守下邳。当时，下邳的首领曹豹是陶谦的旧部，和张飞颇为不和，几次和张飞争执。张飞没有反省其中的原因，反而在愤怒之下将曹豹杀死。

下邳城中的百姓听闻了这一消息，人人自危，担心张飞是个滥杀无辜之人。后来，这一情况被袁术知道，他便写信给吕布，劝他趁着下邳人心惶惶发兵偷袭。吕布果然带着将领攻城，导致张飞败走下邳，刘备的家眷被俘。

其实，当时刘备等人刚刚入住下邳，对当地的很多情况都不熟悉，民心未定，最应该做的事是寻求当地官员的合作，安抚民心。张飞非但没有如此，还不曾控制自己的情绪，随意杀戮，导致了自己的军事失败，也让刘备等人丧失了巩固势力的机会。

在一项针对上班族的调查中，有一半以上的人觉得自己有“暴脾气”，在工作上和个人生活中，也曾无法控制愤怒的冲动，将怨气朝着当事人发泄出来。不过，这些人也承认，这样做的后果往往非常糟糕，尤其是工作上的，常常需要更多的努力、更长久的时间才能修复损伤的人际关系。“冲动的愤怒的确是一件得不偿失的事，但我就是没有办法控制。”一位受访的女士说。

冲动的时候，一个冷静的、充满理智的头脑才是最重要的。理智的头脑，可以使我们遇事时思路清晰，同时还能多思考，多想想别人，多想想事情的后果，即使是不公平和令人愤怒的事，也能够认真对待，慎重处理。当想与人争吵时，也可反复提醒自己：“千万别发怒，要冷静。”这样，就可以遏制情绪冲动，避免不良后果。

学业非常出众的章先生，毕业后进入一所名校任教。他的教师生涯非常顺利，没过多久，就在工作上取得了好成绩，他的能力和潜质也被领导悉数看在眼里，职位升迁指日可待。

顺利的工作让他觉得非常满足，和女友两地分居的生活却让他非常痛苦。两年后，当相隔的距离消磨了他们之间的热情时，章先生主动放弃了前途大好的工作，来到了女友所在的城市。可是，每天与爱人相守的生活并没有给他带来幸福感。

来到新的城市后，一切都要从头开始。第一次，章先生进入了一家不错的公司，一个月后，因为和上司意见不合，两人大吵了一架后，他炒掉了老板。第二份工作，因为小组成员的偷懒而让他背了黑锅，在公司会议上受到了责罚，章先生觉得心中委屈，愤愤不平之下，他越级向上级申诉，结果他被老板炒掉了。

后来，章先生找到了职业顾问，进行了职业测评分析。结果发现，他职场不顺的关键问题就是遇事易冲动、无法控制情绪的性格弱点。尤其是逆境中，他总是会在冲动之下，做出一些不合时宜甚至是让自己后悔的事情。其实，章先生是一个非常有正义感和责任心的人，因此做事情很较真，加之他不会对自己的情绪加以控制，就造成了职场的屡屡受挫。

经过专业的分析之后，章先生恍然大悟。“实际上，我也知道自己好像有那么一点问题，就是一直想不出来到底是什么？经过你们一分析，还真是这么回事。”随后，职业分析师给了他一点控制情绪的建议，让他在平日里练习控制愤怒，练习在头脑理智的状态下做出决策。

所有人都知道，你怒气冲冲地找到上司或者客户，直接向其表示你对他的不满时，很可能将对方惹火。所以，即使感到委屈和不公平时，也要尽量让自己平和下来。人在冲动之下可能做出很多无理甚至荒谬的事，因此，解决问题之前，先找回自己的理智才是第一要义。

经营心理学家欧廉·尤里斯曾经总结出三条“平心静气法”，即降低声音、放慢语速、挺直胸膛。当你进入情绪难以抑制的状态，或许可以尝试这三个办法，尽量让自己恢复理智，冷静地处理工作事务。

其实你很优秀——莫让嫉妒遮住眼睛

在古代，有一个国王饲养了一群大象。这群象中，有一头长相特别，全身雪白的白象，国王非常喜欢。

后来，国王将这头白象交给了一个专门的驯象师照顾，不仅照顾它的饮食，还要调教它学习表演的技艺。这头象果然不是一般的品种，非常聪明，教什么东西一学就会，仿佛带着某种灵性。时间不久，它就学会了很多技艺，并且和驯象师建立了深厚的感情。

一次，国家将要举行庆典，国王打算骑着白象出席。当国王骑着白象出现在广场上时，民众们纷纷围拢过来。可惜，他们要看的不是国王，而是那头罕见的白象。国王的光彩都被白象抢走了，脸色非常难看，对庆典事宜也失去了兴趣，简单地在广场上绕了一圈就回宫了。

心生嫉妒的国王在心里琢磨着如何将这头象处死，于是问驯象师说："如今，这头象已经学会了很多技能了吧，那么，可不可以让它站在悬崖边展示一下才艺呢？"驯象师说："应该可以。"于是，驯象师将白象带到了悬崖边上，准备为国王表演。

国王说：“这头象能用三只腿站立在悬崖边吗？”驯象师说：“这简单。”他骑上象背，对白象说：“来，用三只腿站立。”果然，白象立刻就缩起一只腿，稳稳当当地立在悬崖边上。国王又说：“那么，它能两条腿悬空，用另外两只腿站立吗？”“当然可以！”驯象师对白象重复了一番口令，白象果然听话地做了。国王接着又说：“那它能不能三只腿悬空，只用一只腿站立呢？”驯象师一听，终于明白了国王的意图——他想要置白象于死地。于是，驯象师对白象说：“这次你要小心一点。”白象小心翼翼地抬起三只腿，用一只腿站在了悬崖上。在一旁围观的群众惊叹于白象的高超技艺，纷纷为它拍手叫好。

看到这番情景，国王的嫉妒心更加强烈了。“我一定要让它消失不可，否则的话，今后民众的眼里就再也没有我这个国王了。”国王再次发出了指令，对驯象师说：“那么，它能把最后一只腿也缩起来，全身悬空吗？”驯象师悄悄对白象说：“看来，国王今天一定要看见你从悬崖上摔下去才能罢休。我们现在的处境非常危险，不如你就飞到对面的悬崖上吧。”听到了驯象师的指示，白象果然四脚腾空地飞了起来，载着驯象师飞到了悬崖对面。

悬崖对面已经是另外一个国家，当地人看到驯象师和白象后，将他们绑了起来，送到了国王的面前。国王问驯象师说：“你是什么人？为什么要骑着白象来到我们的国家？”驯象师将山崖对面的国王试图杀死白象的过程一一说明。该国的国王叹了一口气说：“一个人的嫉妒心究竟会有多重呢，竟然和一头白象计较起来。”

人与人总是存在差距的，不管是先天的容貌和智力，还是后天的地位和成就，都会造成好坏之分、强弱之别。不过，那些因为别人评上了比自己高的职称而指桑骂槐，因为同事得到领导的厚爱而愤愤不平，因为别人的生活条件比自己好而郁郁寡欢的人活得实在太辛苦了。他们永远见不得别人比自己优秀，见不得别人受到赞美。如此这般，便产生了嫉妒之情，从而上演了一场场滑稽的嫉妒闹剧。

《世说新语》中记载了一个叫作《妒记》的故事：

东晋大将桓温在讨平了蜀国后，纳了蜀国皇帝李势的妹妹为妾。桓温家中的妻子是晋明帝的女儿，即南康公主。南康公主向来以凶悍妒忌著称，当她得知这件事后，马上带着刀来到了李女的住所，想要一刀杀了丈夫的小妾。

当南康公主来到时，李女正在窗边梳头。她姿色出众，端庄美丽，正在文静地扎着头发。见到南康公主后，她合拢了两手，神色娴静地看着公主，和公主哀怨婉转地说起话来。公主赞赏李女的美貌和娴静，于是丢下刀上前抱住她说："你啊，我见到你都觉得你非常可爱，更何况桓温那个家伙呢！"最后，南康公主不但没有杀她，反而对她非常好。

俗话说："己欲立而立人，己欲达而达人。"别人如果真的非常优秀的话，单纯的嫉妒或者破坏对自身的提高毫无用处，反而只会让自己走向情绪的死胡同，变得越来越闭塞，越来越目光短浅。嫉妒别人的人，只能说明自己还不够优秀，或者说在心理上不够强大。

虽然说，我们都是平凡人，难免嫉妒，但是内心强大的人往往能够用理性抑制嫉妒，将嫉妒的能量从破坏他人的努力转换为刺激自己向上的动力。

当别人比自己好，比自己成就大时，我们应该报以欣赏和祝福，即使不加赞美，至少应该暗暗下定决心，让自己也像他人那般优秀、那般成功。保持一颗平静和睦的心，告诉自己“其实你也很优秀”，然后拨开嫉妒的迷雾，用榜样的力量激励自己前进。

忧心忡忡为哪般——远离焦虑

一天早晨，死神来到了一座城市。一个走在街上的人认出了死神，于是问他说："你是死神吗？"死神说："是的，我是死神。"那人显得很惊恐，颤巍巍地问道："你来这里想做什么？"死神说："我要带走这里的一百个人。"那人说："这太可怕了，你怎么可以这样做？"死神冰冷的面孔下发出了毫无生气的声音，说："我是死神，我必须这么做。"

那人没等死神说完就一溜烟地跑掉了。他并没有一个人躲起来，而是跑去提醒所有人：死神来了。他跑到了城市的很多角落，将这个消息带给那些无辜的人，希望他们能够及时躲避死神的杀戮。

到了晚上，他又碰见了死神。那人问死神："你明明说要带走一百个人，为什么今天有一千个人死了？"死神说："我照我说的做了，只带走了一百个人。焦虑带走了其他的人。"

每个人都有焦虑、紧张的时候。当我们面临人生中的重大事件，比如结婚生子时，多数人都会有不同程度的焦虑。这时，人们会表现出心跳加速、胸口憋闷、语言不畅，甚至出现因神经过度兴奋而晕厥的现象。不过，这种程度的焦虑属于正常现象。

如果一个人每天都在担心自己会失业，随时想着世界末日会不会到来，或者担心自己收益不佳而神经紧张地忙来忙去，这种焦虑就需要小心和警惕了。

在撒哈拉沙漠中，生活着一种灰色的沙鼠。每年的旱季来临之前，它们都会变得异常忙碌。因为它们要大量地囤积草根，以便应对接下来的艰难日子。因此，在相当长的一段时间里，它们整天都叼着满嘴的草根，在洞里跑进跑出，忙得不可开交。

但是，即使贮存的草根早已经足够支撑它们度过整个旱季，沙鼠依旧在拼命地工作，一刻不停地寻找草根，并将其带回洞中。一般情况下，一只沙鼠在旱季里需要吃掉两公斤的草根，而它整个夏天的奔忙往往能运回洞中十公斤。当旱季过去，大部分草根都在洞中腐烂，它们再将这些腐烂的草根清理出洞。

科学家对沙鼠的这一行为非常不解，于是对它们进行了专门的研究。结果证明，它们的担心和焦虑永远大于实际需求，这完全是沙鼠的本能，是一代一代的祖先从基因里留给它们的。当时，还有不少人建议用沙鼠来代替小白鼠进行科学实验，因为沙鼠更能够准确地反映药性。可惜，科学在沙鼠身上的实验最后都失败了。其原因，正是沙鼠过分焦虑的特性。

当科学家将沙鼠从草原搬到了实验室之后，它们马上就会出现不适反应。它们到处寻找草根，哪怕笼子里边食物充足，它们也会想办法将笼子外面的草根弄进来。最后，因为实验室里没有大量的草根供它们寻找和囤积，沙鼠很快就一个一个地死去了。也就是说，它们并非死于现实的困境，而是死于头脑中的过度焦虑。

沙鼠的反应，像极了在社会上奔波的现代人。即使是衣食无忧，没有出现生活危机的人，也整天忧心忡忡的，为某种莫名其妙的担忧感到不安。其实，这种担忧往往来自对明天或者未来的期待，而不是对当下事物的担心。

现代社会瞬息万变，让许多当下没有受到任何威胁的人开始为将来的所需而发愁。那些没有到来，或者永远不会到来的事成为许多人每天议论的话题，比如到底有没有世界末日，到底有没有可能发生核战争。当人们整天陷在焦虑、紧张和担心中时，就可能变得像沙鼠一样，紧绷着神经，每天忙忙碌碌，疲于奔命。

会游泳的人都知道，一旦溺水，最好的自救方法不是拼命折腾，不是大声呼救，而是让自己放下对死亡的担忧和焦虑，尽量地放松身体。即使一瞬间沉入水底，水的浮力也会让身体慢慢地浮上来。而那些溺水身亡的人，往往都是掉进水里就拼命地扑腾，结果导致大量的水进入肺部，最后无法呼吸才沉入水底的。

溺水的情境其实和陷入人生的困境比较相似。一旦遇到困境，当事人往往还未直接地面对，就已经被自己焦虑和紧张的心理搞得惊慌失措了。最后真的就像溺在水中一样，强烈的求生欲望反而成了束缚自己的枷锁，拉着人一步一步地向着水底沉去。

曾经有一段哲学家和渔夫的对话，内容是这样的：

哲学家问："你懂哲学吗？"

渔夫回答说："不懂！"

"那么你至少失去了一半的生命。"

哲学家又问："你懂数学吗？"

渔夫回答说："不懂！"

"那么你至少失去了百分之八十的生命。"

突然，一个巨浪袭来，打翻了两人乘坐的小船，哲学家和渔夫都掉进了水里。哲学家在水中胡乱地挣扎。

渔夫问："你会游泳吗？"

哲学家回答说："不——会。"

"那么你失去了百分之百的生命。"

那些终日为了无名的事情忧愁烦恼的人不妨问一问自己，这么忧心忡忡到底为了什么呢？整天为了尚未到来的未来担心有意义吗？时常提醒自己，或许能够帮助我们远离焦虑，过好当下的生活。

何必折磨自己——自责并非自省

这是一个关于自省的故事。

张老汉住在一个破旧的四合院里，一个院子住了好几户人家，每天鸡鸭猫狗地吵闹个不停。这几天，张老汉家突然遭了虫，蛀掉了他心爱的花草不说，还爬到了他的床上。为了杀虫，张老汉买了一瓶药，在屋里屋外、大大小小的角落里洒了一遍。

虫是杀光了，可是杀虫的药也将邻居李奶奶家的鸡药死了。对门的李奶奶拿着笤帚打上门来，口里喊着“你赔我鸡，你赔我鸡”。张老汉反驳说：“如果不是你的鸡偷吃我的米，怎么可能被药死呢？那是自作自受。”两个人吵了近一个小时，最后在其他邻居的劝说下才各自回家。

李奶奶走后，张老汉非常生气，觉得自己特别冤枉。生气归生气，他分析了一下，这件事他还是脱不了干系。就算李奶奶的鸡平常总是偷吃他的米，但也罪不当死。如果自己杀虫的时候早点通知人家，让她把鸡关在笼子里，也不至于最后都给药死了。

思来想去，张老汉想明白了，决定拿上钱，去给李奶奶道歉。

这是一个关于自责的故事。

李丽的丈夫去世了。悲伤的她每天都在回想事故当天发生的事。那是一个炎热的下午，丈夫要去约见一个大学的同学，其实也是李丽的同学。李丽本想跟着一起去的，但是丈夫担心妻子有孕在身，受热受累的太辛苦，就决定一个人去。临走时，丈夫还不停地嘱咐说："你再睡会儿吧，我一会儿就回来。"哪知这句话成了丈夫生前最后一句话。

李丽始终无法接受这个事实，整日地以泪洗面，不停地自责说："如果我陪他去，提醒他当心过往的车辆，就不会……"说着，她又失声地哭了起来。这三个月来，她都在不停地自责中生活，就像祥林嫂失去了阿毛之后，每天用尖锐的话指责自己，恨不能将意外移到自己的身上。

曾子曰："吾日三省吾身：为人谋而不忠乎？与朋友交而不信乎？传不习乎？"一个人有自省的习惯是件好事。在不断地回顾内心，审视思想的过程中，我们能够重新地认识自己，也能够对自己的所作所为给出相应的评价，从而取其精华，去其糟粕，不断修正自己为人处世的方法。

唐朝时期，唐太宗很器重党仁弘，因为他办事干练，颇有才识韬略。在高祖时期，他已经历任南宁、广州都督。后来，党仁弘贪污受贿，按当时的律法应当被处死，但唐太宗怜惜他是开国功臣，于是为他求情，免其一死，将其废黜为平民，流放钦州。

事后，太宗常常为自己的行为感到不安。于是，他召集群臣到大殿，向他们检讨说："国家的法律，皇帝应该带头执行，而不能出于私念，不受法律制约，失信于民。我袒护党仁弘，实在是以私心乱国法啊。"后来，他还写了一道《罪己诏》，其中说道："朕有三项罪过：识人而不能明察，是一罪；因私情淆乱法令，是二罪；亲近善人而未予赏赐，讨厌恶人而未予诛罚，是三罪。"唐太宗向大臣宣读后，立即下令将他的《罪己诏》向全国的臣民公布。

晚年时期，唐太宗反省自己的一生，写了《帝范》十二篇赐给太子，并训诫道："你应当以古代的先哲圣王为师，像我这样不足以效法。我即位以来，过失之处不少，比如锦绣珠玉不绝于前、宫室台榭常有兴造、犬马鹰雕无论多远也要罗致来、游幸四方使各地供给烦劳，这些都是我的大过失，千万不要认为这是正确的而效法。"

古人强调"自省"，即使帝王犯了错也要下"罪己诏"，或者斋戒沐浴、诚心忏悔改过。唐太宗的一生，也是在不断犯错、不断反省中度过的。

不过，当一个人自省犯过的错误时，需要把握一个适当的度。一旦将自省变成了自责，反省的意义便失去了，情绪的困扰却会接踵而至。如果真的变成了祥林嫂那般的自怨自艾，岂不是要在自责里毁掉一辈子的生活。

当我们说错话、做错事时，需要自省来帮助我们调节认识和行为，但是，千万不要用自责来折磨自己。自责并非自省，自责虽然能够起到反省的作用，却因为过分强烈的感情色彩，让原本理性的反思变成了感性的诉求。那样非但于事无补，还可能南辕北辙。

另一种沟通方式——情绪冲突

你有没有与人冲突的经验？你会不会因为和他人发生冲突而情绪沮丧或者大发脾气呢？一般人看来，工作上或者生活中的冲突，只会让彼此之间的关系急转直下，而且还会造成神经紧张、不安和混乱。冲突不仅破坏了一个工作团队的和谐气氛，也让人与人之间难以自在相处。所以，人人都在小心说话，谨慎做事，尽力避免冲突的发生。

换一个角度来看，冲突或许没有我们想象得那么糟糕。正如通用汽车的史隆所说："意见相左甚至冲突是非常必要的，也应该是受欢迎的一件事。如果没有意见纷争和冲突，员工之间就无法相互理解，没有了相互理解，领导组织只会做出错误的决定。"

实际上，我们可以将冲突看作是另外一种彼此沟通的方式，虽然有时候因为情绪激动、语言失当，可能造成彼此之间的僵持。当情绪风暴过去之后，我们就会发现，正是因为每一次的冲突矛盾，才让彼此之间更加了解。

张瑶开始工作时，对办公室的冲突一直心生畏惧，每天小心翼翼地来去，大气都不敢出一声。时间长了，她才发现，办公室里零星的争执和偶尔的擦枪走火根本就是家常便饭，通常都是两个人声音提高了一些，揪着一个问题说来说去，实在讲不下去时就不欢而散，并不会撕破脸皮，弄个你死我活。在单位里，有两个老资历的大姐，就是这种“家常便饭”的主角。

王姐和刘姐在公司工作快10年了，按理说早就应该有了默契，不会再有什么大的争执。可惜的是，这两位都不是忍气吞声的主儿，每次遇到意见不合，必定大声地吵起来，将两个人之间的争论变成办公室里的特别节目。

王姐和刘姐算是业务上的顶梁柱，两个人手下都有一群小兵，一旦有了策划的案子，两个人就开始“嘶吼”起来。一开始，她们只是纯粹地就事论事，讨论到底哪个小组的策划方案更有价值，然后就越说越离谱，从讨论工作渐渐变成了人身攻击。任何情绪性的字眼、互揭老底的中伤全都使了出来。各组的成员一般都是新来的员工，或者是年纪尚轻的小女孩，一边听着两个人的陈年旧事，一边缩着头趴在桌子上，生怕一颗流弹就要了自己的小命。

庆幸的是，吵归吵，情绪过后，两人依旧能够心平气和地工作。就像两个闹了别扭的小孩一样，没过半天又在一起玩了。午饭过后，王姐肯定会给刘姐带回来一杯咖啡，然后两人重归于好，继续为了下一个项目竞争。

张瑶有一次忍不住问王姐：“您和刘姐吵架，那都是闹着玩的吗？”“当然不是了，工作上的事儿能闹着玩吗？每次咱们组的方案通过，她总是心里不高兴。一不高兴就找我碴，那我能让着她吗？”张瑶越听越迷惑了，接着问：“你们吵了这么多年，感情还这么好？”“唉，”王姐叹了一口气说，“怎么说呢，吵吵闹闹十几年了，每次吵架之后都能多了解她一点吧！现在啊，整个单位里我最了解她，她也最了解我，虽然工作上还是水火不容的，但是我俩走了谁，剩下的那个人都不会高兴。”张瑶听了，顿时有了“既生瑜何生亮”的感慨，幸好王姐和刘姐没有真的走到你死我活的地步。

冲突发生非常容易，一句重话或者一个轻蔑的眼神就能导致一场“战争”。实际上，冲突往往是生活中必不可少的，即使没有环境的影响，我们自身也会发生冲突。与其小心翼翼地避免冲突的发生，不如将可能发生的或者已经发生的冲突当作和对方的一次激烈沟通。冲突之后雨过天晴，长久积压的负面情绪得到了释放，双方也能在一个更加了解彼此的基础上重新起跑。

很多人为了情侣间或者夫妻间的冲突苦恼不已，但是所有人都知道，两个人在一起总是要吵架的。在一起时间长了，总会有一些不尽如人意的地方，矛盾和争执也在所难免。恶性争吵和人身攻击都会伤害彼此的感情，但是坦诚开放的争吵却可以变成一种健康的沟通方式，甚至可以说，两个人时不时地吵一架并不是坏事，反而能够促进沟通和理解。

既然冲突是不可避免的，我们就要学会和冲突一起生活。用积极的态度面对冲突，将无法回避的冲突当作是一次自我成长和了解他人的机会。双方可以在对方的职责和性情上有更深入的了解和认知，及时地解决冲突也为彼此打开一扇心灵之门，为今后的沟通做好铺垫。

第九章

让阳光照进心里

将思想朝向光明的一面，就是选择关注那些美好的事物，塑造一种阳光、乐观、积极的生活态度。

寻找阳光——把思想朝向光明的一面

有一个老婆婆，她早年丧夫，独自一人拉扯两个儿子长大。现如今，她年事已高，已经失去劳动能力，只能依靠两个儿子的赡养过生活。可是，两个儿子的生活却让她非常烦恼。

老婆婆的大儿子以卖盐为生，二儿子以卖伞为生。若是晴天，大儿子能晒更多的盐，但是二儿子就没办法卖更多的伞；若是雨天，大儿子没办法晒盐，二儿子却能卖出去很多把伞。不管是晴天还是雨天，总是有一个儿子幸运，一个儿子不幸，因此老婆婆整日都是忧心忡忡的。后来，有人对她说："老婆婆，你要换个角度看问题嘛——晴天，大儿子能晒出更多的盐；雨天，二儿子能卖出更多的伞，晴天雨天，你们家里都有收益呀，还有谁能比您更幸运了？"这样一来，老婆婆的心里一下子就轻松了，从此也不再为两个儿子的营生操心了。

其实，任何事物都有两面，一面美好，一面黑暗。面对问题的时候，不能只看到黑暗的一面，而忽略了美好的一面。如果始终沉溺在黑暗里，既无法解决问题，又影响了心情，还会让自己的思想远离阳光，情绪消沉。

将思想朝向光明的一面，就是选择关注那些美好的事物，塑造一种阳光、乐观、积极的生活态度。当你遇到困难时，要躲开黑暗的心理，寻找阳光的角落，它会给你克服困难的勇气，并且相信世界上阳光多过阴影。当你遇到挫折时，要放弃负面的情绪，寻找光明的希望，它会让你的头脑更加冷静，反思自己的做法，然后昂起头来，重新开始。当你面临选择的时候，要先看到事情积极的一面，对自己进行积极的心理暗示，心随之往，行动上自然就会产生积极的效果。

有一个从未中举的秀才，他已经连续参加三次科举考试。这一次，他早早来到了京城，在城外的一家客栈找到一个房间留宿。可是，考试的前夜，他却做了三个不明所以的梦。第一个梦，他梦到墙头上种满了白菜；第二个梦，他梦到自己在大晴天里还打着一把伞；第三个梦，他梦到自己和心仪已久的姑娘睡在了同一张床上，两人背对背睡了一夜。

秀才醒来后，觉得这三个梦定是有所预兆的，于是到城隍庙找了一个算命先生解梦。算命先生听过秀才的叙述，摇摇头说："你这可不是好兆头——种在墙上的白菜不是'白搭'吗？大晴天还打伞，'多此一举'呀！和喜欢的姑娘背对背睡了一宿，这很明显是'没戏'呀。"

秀才听了算命先生的话，原本就信心不足的他立马回到客栈，准备收拾行李回家。这时，客栈的老板拉住他说："明天就开始考试了，你怎么要回家呢？"秀才将自己的梦境和算命先生的话向客栈老板叙述了一遍，客栈老板听了之后，拍手叫好，说："好梦，这是个好梦啊——墙上种白菜，不就是'高中'吗？晴天打伞是'有备而来'。和喜欢的姑娘背对背睡了一夜，不正预示着你'翻身'的机会到了？"秀才听了客栈老板的解释，大喜过望，立马放下行李准备考试。结果，这一年果然高中，而且高中榜眼。

心态影响着心情，同时也影响着一个人的行为。算命先生悲观地解读了秀才的梦境，让秀才心灰意冷，而客栈老板乐观地解读了秀才的梦境，收到了奇妙的效果。当我们自信心不足，或者悲观失望的时候，不妨自觉地让思想转向阳光的那一面，多吸收积极的信息，自动屏蔽掉消极的信息，让我们在困境中也能寻求内心的快乐和富足。

著名发明家爱迪生曾用了大半生的财力，建立了一个庞大的实验室。不幸的是，一场大火将他的实验室化为灰烬，他一生的研究心血几乎都付之一炬。

当爱迪生的儿子经过焦急的寻找，终于在火场附近找到父亲时，已经 67 岁的爱迪生居然一个人静静地坐在一个小斜坡上，看着熊熊大火烧尽一切。

爱迪生见儿子前来找他，突然扯开嗓子喊道："快去把你妈妈找来，让她也看看这场难得一见的大火！”大家都认为这场大火对爱迪生造成了严重的打击，他一定是精神失常了。但是，爱迪生却说：“感谢上帝，大火烧尽了所有的错误，现在，我又可以重新开始了。”果然，没过多久，爱迪生的新实验室就重新建立起来了。

不幸的故事每天都在上演，不过，同样的不幸，在不同人的眼里却会呈现出完全不同的结果。有些人被不幸打击得一蹶不振，从此日渐萎靡，在挫折中自甘堕落；有些人能够在不幸的阴霾中看到阳光的灿烂，重新树立起自信和决心，从此坚定用乐观的目光追逐新的幸福。

习惯将思想朝向光明的一面，我们也就远离了黑暗，把握住了人生的快乐航向。即使在未来的人生中遇到更多风雨，也会因为有这阳光的护航而令生活显得美好。

知足常乐——看看自己拥有的

盛夏平时最喜欢照镜子，无论走到哪里，她随身的包包里都会带着一面精致的小镜子。虽然她皮肤白皙、模样俊俏，却依旧会对着镜子一顿乱吼，控诉自己脸上的种种瑕疵。

“哎哟，这是又上火了还是怎么回事，起床的时候还没有，怎么一会儿工夫就长出来这么大一颗痘痘？”

“你看我啊，今年的防晒又没做好，脸上的晒斑多了不少，回家还得使劲儿搓。”

“我这眼睛再大一点就好了，那样的话，就显得和鼻子、嘴巴相称了——看我哪天心情好，去开个眼角之类的吧。”

……

每次这样照完一遍，她的大好心情都会被一扫而光。即使在别人看来，她已经是一个光彩照人的美女了，镜子依旧会告诉她哪里没做好，哪里还存在瑕疵。朋友跟她说：“你总爱照镜子，却也照不出美来，为什么每天还照得那么勤呢，这不是自讨苦吃吗？”盛夏说：“镜子不就是用来看看自己有没有瑕疵的吗？”“嗯，那你每天带的就不是镜子，而是坏心情了。”

盛夏的观点并没有错，但是，如果每个人都像她一样，每天照镜子都只看到自己的不足，看不到自己的美丽，并且损失掉原本的大好心情，这样照镜子，未免太得不偿失了。

其实，很多人都像盛夏一样，只看到自己欠缺的，而看不到自己所拥有的。这样的人即使每天忙忙碌碌，努力弥补上了眼前的欠缺，依旧会发现新的欠缺，从而让自己永远活在“不完美”中。如果人们能够学会知足，学会珍惜眼前的拥有，或许对于缺失就不会那么敏感，反而会为此时的境遇感到内心富足。

明朝时期有一个人叫胡九韶。他的家境非常贫困，即使他一面教书，一面努力耕作，也仅仅能满足全家人的温饱。但是，胡九韶却是一个非常懂得知足，懂得感恩的人。

每天黄昏时，胡九韶都要到门口焚香，祭拜上苍，感谢上天赐给他一天的清福。妻子笑他说：“我们一天三餐都是菜粥，怎么谈得上是清福？”胡九韶说：“首先，很庆幸的是我们生在太平盛世，没有战争兵祸；其次，庆幸我们全家人都能有饭吃，有衣穿，不至于挨饿受冻；最后，庆幸的是家里床上没有病人，监狱中没有囚犯。难道说，这样的福分还算不上清福吗？”

知足常乐是一种处世的态度，也是一种释然的情怀。懂得知足常乐的人，就懂得调节内心的状态，为人生染上一层淡然的底色。当贪婪的人忙于追求更高的目标、更多的财富时，知足常乐的人在平凡中守住了内心的财富，在一种宁静而温馨的心理状态下继续前行。

曾经有一个小男孩，他刚一出生，就因为身体太过虚弱住进了加护病房，虽然经过百般抢救和治疗，医生还是无奈地宣布——这个孩子将永远失明。

幸运的是，被医生下了“最后判决”的小男孩遇到了一对从不放弃的父母。虽然这个孩子注定成为一个盲人，他们却没有懈怠对他的教育。当他一岁多的时候，父母发现他对音乐特别敏感。只要有音乐声响，他就会手舞足蹈起来，表情非常愉快，就像在享受音乐的美妙。

看着儿子对音乐的天分和热情，尽管家中经济拮据，父母还是给他买了一台电子琴。过了几天，在没有专业老师指导的情况下，小男孩已经学会弹奏电子琴，并且能弹出简单的曲子来。父母惊讶于这个孩子的天赋，于是将他送到了学校，去接受正规的音乐教育。

因为他的眼睛看不见，和老师交流非常困难，往往别的孩子一天练会的指法，他可能需要三天、五天甚至更长时间才能练会。即使是简单的琴谱，他都要练上几百遍，才能让大脑深刻地记住琴谱的全部内容。即使这样，他也没有落后于其他同学，甚至从众多的孩子中脱颖而出。

当他学习了几年电子琴后，他开始梦想着拥有一架钢琴。父母为了孩子能在音乐路上走得更远，便用家里的全部积蓄为他买回来一架二手钢琴。或许，他天生就注定要走进音乐的世界，因为他在钢琴的演奏上同样如鱼得水，简直就像天生具有这种本领一样。

后来，在老师的推荐下，他加入了中国残疾人艺术团，并且随着乐团到世界各地巡演。有一次，他在维也纳的演出引起了巨大的反响，屡获盛赞，甚至有人说“他是一个非常了不起的孩子”。而此时，他已经熟练掌握了 11 首大型乐曲，几十首钢琴小调，还成功地举办过两次个人音乐会。他就是金元辉，一个年轻的盲人钢琴演奏家。

曾经有人问过他：“你曾经为自己看不到这个世界而感到遗憾吗？”金元辉平静地回答说：“当然遗憾。但是，缺失了眼睛，我却拥有了一对更加灵敏的耳朵，我已知足。”

有时候，满足现状不失为一种自我解脱。人能够常常看到自己所拥有的，才能在取得一些成绩之后，或是遭遇困难之时，保持乐观的心态，自动过滤掉那些压抑和沉闷，对烦躁和喧嚣泰然处之。

让内心快乐起来——你快乐所以我快乐

有人说："把你的快乐拿出来分享，那么你的快乐就增加了一倍。把你的烦恼拿出来分享，那么你的烦恼就减少了一半。"所以说，懂得对他人敞开心扉，分享忧伤和喜悦的人，能随时随地地获得快乐、抛却忧愁。甚至有时候，只需要放下顾虑，放下自身的负担，天地万物都会给予我们快乐。

阿呆整天都闷闷不乐的，和朋友相处不开心，对身边的一切都不满意。他考试成绩不好，老师叫爸妈去开家长会，他不开心；同桌的女生长了一脸的雀斑，嘴里还缺掉了两颗门牙，她还总是喜欢将胳膊放在阿呆的桌子上，他也不开心；爸爸是一个清洁工，每天在学校门口推着垃圾车接阿呆放学，阿呆觉得面子上难看，更加不开心了……时间长了，阿呆变成了一个不快乐的孩子。

阿呆有时候觉得，这一切是不是老天在故意和他作对呢，把世界上美好的东西都收走了，把所有讨厌的、不堪的东西都留给他了。这样一想，他更加觉得生活无趣，命运不公了。有一天，他听说南面的一座高山上住着一个快乐女神，只要能够找到快乐女神，就能找到快乐。于是，不快乐的阿呆决定去寻找那位传说中的快乐女神。

阿呆背起行囊，开始向南走，走啊走，走过了无数个丘陵和河流，终于来到了高山上。山上长满了繁茂的树木，各色野花漫山遍野地开着，仿佛一幅天上的画卷飘落到人间来。可是，如此美景并没有让阿呆内心喜悦，他只想快点找到那位快乐女神，让自己马上快乐起来。

他寻遍了几个山头，都没能找到类似神仙的人，筋疲力尽之时，倒是一座破破烂烂的小屋出现在他面前。阿呆心想："先进去歇歇脚，再继续找快乐女神吧。"阿呆走进了小屋，看到了一位正坐在桌子旁的老婆婆，她相貌丑陋，衣衫褴褛，脸上堆满了沟壑纵横的皱纹。阿呆问："老婆婆，这山里不是有一个快乐女神吗，到哪里才能找到她呢？"老婆婆笑着说："你真的是来找快乐女神的吗？"阿呆点头答应。老婆婆哈哈地笑起来，说："我就是你要找的快乐女神。"

阿呆狐疑地看着她，不相信眼前的人就是自己苦苦寻找的快乐女神。阿呆说："可是，你长得又老又丑，穿的衣服又脏又破，还住在这个又破又小的房子里，怎么可能是快乐女神呢？"老婆婆回答说："我虽然老，可是我比别人经历过更多快乐的事；我丑，可是我的皱纹线条明快，富有艺术感；我的衣衫褴褛，正是因为它们经过了大自然的洗礼，吸收了大自然的精华；我的房子虽然破旧又矮小，可是它小巧玲珑，就像是一件完美的艺术品。"

阿呆用惊异的眼神看着这位奇怪的老婆婆，禁不住感慨道："为什么一切东西在你眼里都是快乐的呢？""因为我想得到快乐。不管是什么东西，你用悲伤的、忧愁的眼光去看它，它就是灰暗的，丑陋的；但是，如果你用快乐的眼光去看它，用快乐的心情体会其中的美好，任何事物都是令人快乐的，你也会变成一个快乐的人。"听完老婆婆的话，阿呆会心地笑了。

佛陀说："没有人能给我们痛苦，只有自己给自己痛苦。"这句话反过来同样有道理：没有人能给我们快乐，只有自己给自己快乐。有智慧的人随时能从周围获得快乐，没有智慧的人希望别人给他快乐。期待他人给予自己快乐的人，结果往往就像歌中唱的一样："等待着别人给幸福的人，往往过得都不怎么幸福。"

快乐不是别人给予的，而是自己寻找的。当我们放下了执着和烦恼，开始学着欣赏自身和周围的一切，接受它们，包括美好的和不美好的存在，从此就会少了烦恼，多了快乐。

古希腊时期，一群年轻人到处寻找快乐，途中却遇到了许多烦恼、忧愁和痛苦。于是，他们请教苏格拉底说："快乐到底在哪里？"苏格拉底说："在你们寻找快乐之前，还是先帮我造一条船吧！"年轻人答应了苏格拉底，暂时将寻找快乐这件事放在一边。他们找来了造船的工具，用了七七四十九天，锯掉了一棵高大的树，然后把树心掏空，造成一条独木船。

独木船下水那天，年轻人把苏格拉底请上船，他们一边合力撑桨，一边齐声歌唱。苏格拉底问：“孩子们，现在你们快乐吗？”年轻人齐声回答：“快乐极了！”苏格拉底说：“快乐就是这样，它往往在你为一个明确的目标忙得无暇顾及其他的时候突然来到。”

的确如此，当我们紧紧地盯着“寻找快乐”这一目标，在旅途中奋力地寻找快乐时，难免会忽略掉周围的美丽风景。相反地，如果我们放下心中的这一目标，将注意力放在一个具体的事物上，则这个事件本身就变成了快乐的源泉。

人们常说，世界上并不缺少美，而是缺少发现美的眼睛。开心快乐这个东西也是一样。它一直就在我们身边，只是我们总是因为太多事、太多顾虑和追求而忽略了它的存在。有时候，清晨的一缕阳光就会带来快乐的体验；有时候，一个滑稽的表演也会带来快乐的心情。快乐其实很简单，平凡而真实的生活，就能让内心快乐起来。

停止抱怨——牢骚永远比不上行动

史密斯太太的房子坐落在公路的限速带附近，那是车辆从时速25英里变成55英里的交界路段。所以，通常驶过门前的车辆都正在加速中，往往嗖的一声就蹿到前面去了。史密斯太太原本对这些飞速行驶的车辆并不反感，可是，自从丈夫因车祸去世之后，她开始对那些“飞车党”深恶痛绝。

一般情况下，当公路上的汽车飞驰而过时，史密斯太太都会站在草坪旁，对着车里的司机大喊，甚至挥动手臂，叫他们不要开那么快。可是，让她非常恼火的是，那些车辆几乎很少减速，甚至连看都不看她一眼。其中有一辆黄色的跑车最可恶，每天在史密斯太太的门前过好几次，无论她高声尖叫还是用力挥手，那个年轻的金发女孩都是飞速行驶。

为此，史密斯太太经常和女儿玛丽安抱怨：“现在的年轻人一点公德心都没有！明天我就去立一块标牌，要求过往车辆减速慢行。”玛丽安无奈地说：“妈妈，你一定要招来警察才满意吗？这件事你不要担心了，交给我来解决。”

有一天，史密斯太太在后院割草，玛丽安在前面种花。那辆黄色的跑车逐渐驶入了变速区，速度依旧飞快。这一次，史密斯太太什么都没做，因为她知道，不管用什么办法都是白费力气，金发女郎永远高速行驶。

然而，当车子经过门前时，她注意到黄色跑车的刹车灯亮了一下，车速放慢到了安全的程度。史密斯太太非常惊讶，这是她第一次看到那个不要命的女孩减速行驶。史密斯太太立刻关掉了除草机，走到前院去，她想知道究竟是什么原因让那个女孩减速的。

原来，玛丽安正站在院子里，对着车辆微笑、挥手，像对待一个老朋友一样。这时，史密斯太太才真正了解到，为什么自己几个月来的担心和努力都白费了。当她一边抱怨着这群“飞车党”，一边在除草机的噪声下用高声的尖叫、愤怒的表情来批评他们行驶过快时，呈现给对方的只是一个愤怒的主妇，一个在草坪上乱发脾气的蠢家伙。但是，玛丽安则用一种浅显易懂的方式，让对方准确地收到了信息，同时也表达了自己的友好。

从此以后，那辆黄色的跑车再也没有从她家门前呼啸而过，相反，金发女孩总是会将车速减到安全范围，直到驶过了她家附近才开始加速。

每一天，我们都要经历各种各样的挫折和烦恼。面对这些令人不开心的事，我们怎么办？是指责他人的不理解、命运的不公平，还是用满腹的牢骚、不停的抱怨来表达力不从心的心情？

牢骚、抱怨，仅仅是一种情绪宣泄的途径。但是，即使是高级的牢骚也充满了负面的情绪成分，无法取代理性的作用，无法改变现实的处境。可以说，牢骚是一种低级的社会适应方式，一个人如果牢骚太多、抱怨太盛，往往意味着他在适应社会方面的低劣和无能。

那些抱怨的人，永远看不到问题出在自己身上，反而将失败和不幸归结于他人及环境，甚至归结于妖怪的作祟或神明的惩罚。正因为他们看不到自己的问题，才导致了周围世界的混乱。有时候，停止抱怨就是停止悲观，改变自己就是改变世界。

一个教区牧师每个星期都会在教堂里给教区的教友布道，他对自己非常严格，希望每一次布道都能给人以启迪，因此布道前常常冥思苦想，悉心准备。

星期六上午，牧师刚刚吃过早饭，就坐在书桌前苦思明天的布道词。这时，妻子带着岳母出门购物，留下淘气的儿子一直在他身边胡闹，搅得他心烦意乱。牧师心里埋怨着妻子：“我每个星期六都非常辛苦，你竟然还有心情出去购物，见过这么不体谅的妻子吗？”想着想着，他又开始埋怨起岳母来：“把我妻子霸占走了，还把孩子留给我，这个岳母真是不通情理。”看着在眼前晃来晃去的儿子，牧师又开始发儿子的牢骚：“为什么邻居家的孩子都非常乖巧，偏偏我的儿子这么淘气呢？”

把家里这几个人纷纷数落了一遍，他也没能想出一段精彩的布道词。为了让儿子安静下来，牧师将身旁的杂志扯下来一张。

这一页恰好印着一张大大的世界地图，牧师灵机一动，将世界地图撕成了零碎的几块，交给儿子让他拼好。

儿子到隔壁房间去拼地图。“估计这张图够他忙一阵子了，终于可以静下心来想自己的事了。”牧师心想。没想到，才过了不到十分钟，儿子就带着一张拼好的地图进来了。牧师惊讶地问：“你为什么这么快就拼好了呢？”儿子得意地说：“我没拼地图啊，我拼的是小朋友的脸。”说着，儿子将地图翻到了后面，露出来一个和地图一般大小的小男孩。牧师看着儿子拼好的地图，终于想到了明天的布道词：只要人简单，世界也就简单了。

不要总是抱怨别人如何、世界如何，一切的关键都在于我们本身。一个人只知道牢骚抱怨，坐在角落里无休止地发泄自己的情绪，任何美好的事物都不会降临他身上。相反，一个自尊、自爱、自强的人每时每刻都是积极进取、朝气蓬勃的。

内心强大的人，不会将时间浪费在牢骚和抱怨上，他会在挫折面前积极应对，会寻找各种有效的方法和挫折做斗争，就像鲁迅先生说的那样——“用笑脸来迎接悲惨的厄运，用百倍的勇气来应付一切的不幸”。

修习人生的学分——那次不求回报的付出

丽萨在一群女孩子中脱颖而出，成为一个商业巨擘的助手。说是助手，其实丽萨的工作就是替老板打文件、拆阅信件、信件分类、处理办公室里的杂事等，薪水与其他的员工一样。不过，对于失业许久，正在为生计发愁的丽萨来说已经是件非常幸运的事了。

每一天，丽萨都规规矩矩地工作，一切按照老板的要求执行。有一天，老板给丽萨一份文件，要求她马上打出来。丽萨应允开始工作，老板却对她说了一句话，并且要求她马上用打字机记录下来。“你唯一的限制，就是脑海中你给自己所设的限制。”丽萨将文件和那句格言一起交给了老板。老板收下了文件，却将印有格言的那页纸交还给丽萨。“这是给你的。”他说。

丽萨惶恐地坐回了办公桌前，开始认真地看这句话，她渐渐看懂了其中的道理。从那天开始，丽萨晚饭后也留在办公室，不计报酬地做一些烦琐的工作，即使有些并不是自己分内的，她也认认真真地完成。比如说，回复堆积如山的来信。

丽萨觉得那些来信者都非常诚恳，真心地希望得到老板的帮助，只是老板太忙了，根本没有时间回信。于是，丽萨认真地研究了老板的说话风格，用词习惯，慢慢地，她开始能用老板的口吻写回信，并且和老板写得一样好。她一直坚持这样做，并没有特别提醒老板自己的努力，也不曾将她做的工作宣扬给他人。有一天，老板的专职秘书辞职，在挑选新的秘书时，老板自然而然地想到了丽萨。

获得提升后，丽萨的工作开始变得繁忙，每天需要处理的事情也越来越多。可是，她依旧保持着原来的习惯，在不申请加班报酬的情况下，训练自己的工作能力，突破头脑中的限制。丽萨担任老板的秘书两年后，其他公司纷纷见识到她的能力，也先后提出了更高的薪水邀她加盟。为了挽留她，老板多次提高了她的报酬，此时，她的薪水已经比一名普通打字员高出了四倍。

很多人会觉得，丽萨是一个心有谋划、步步为营的职场成功女性。其实不然，她只是在每一个阶段，都让自己做了一次不求回报的付出。暂时放弃对具体薪水的预期，对更高职位的向往，单纯地让自己突破当下的心理局限，不满足于做一个井底之蛙。

物欲膨胀，商业急速发展的社会让很多人充满了功利心，在生活上如此，在工作上也是如此。一个以薪水为个人奋斗目标的人并没有错，但那不过是一种平庸的生活模式，不会拥有真正的成就感，因为，在工作中获得的并不仅仅是薪水，而是一种忠于自我的工作状态。

如果你去请教那些事业成功的人，他们在没有优厚薪水的诱惑下，是否会继续自己的工作？是否会为喜欢的工作付出更多的时间和精力？答案一定是肯定的。因为他们选择自己热爱的工作，并且能够在喜欢的领域一直走下去。就像你爱旅行，就不去计较路途的艰苦；你爱疯丫头，就不去计较她的任性；你爱所从事的工作，就会义无反顾地付出，不去计较金钱的回报。

曾经有一篇杂文写道："桃实之肉暴于外，不自吝惜，人得取而食之；食之而种其核，犹饶有生气焉，此可见积善者有余庆也。栗实之肉秘于内，深自防护，人乃剖而食之；食之而弃其壳，绝无生理亦，此可知多藏者必厚亡也。"意思是说，桃子不吝惜自己，把自己的肉暴露在外，供人们吃，人们吃后，将桃核种在地里，又会长出新的桃子来，由此可见做好事还会有多余的收获。而栗子把自己的肉深藏在壳内，人们吃的时候必须剥掉壳，扔掉的壳再也不可能长出新的栗子，由此可见喜爱藏匿，吝啬付出的人必定会走投无路。生活的诸多方面，的确存在"施乐与人，方乐于己"的道理，人们在感情上也是如此。

有人计较自己付出了爱，却得不到对方的回报，殊不知，此时的自己已经将爱情当成了生意。如果盈利大于成本，就庆幸自己赚到了，如果没能盈利还蚀了本，就觉得付出有亏，感情不值。可是，感情能够拿来比较，进行买卖吗？当然不行。正如《爱的艺术》中所说："美好的爱首先是'给'而不是'得'，因为'给'比'得'更加快乐。"

安妮宝贝曾经说过："只要心甘情愿，一切都会变得简单。"如果你真的喜欢一份工作，如果你真的爱一个人，就不会计较付出的回报，也不会计较为爱付出的程度。或者说，在处理工作或经营感情中的快乐和自得，已经是一切付出的所求。

年轻人会随着年纪和阅历的增长，开始按照经济学的逻辑生活，计算付出和回报的比例，就像计算菜价和股市一样。但是，当你年轻的时候，至少要有一次不求回报的付出，哪怕只有一次也好。体验一段没有功利心，没有精心算计的生活，如果它不曾为你带来机遇和幸运，至少你修习了一门人生的学分，那就是淡定和从容。

第十章

爱惜自己，热爱生活

当你觉得孤单的时候，当你连自己也看不清的时候，也一定不要忘记爱惜自己，热爱生活。

人生定位——旅途中迷失的自己

从前，一个农夫养了一只猴子和一头驴。小猴子活泼好动，整天在房顶蹦来蹦去，有时候还爬到主人的身上去，虽然小猴子的顽劣性情给主人带来了不少麻烦，却还是非常讨主人的欢心。

毛驴将这一切看在眼里，觉得愤愤不平。"为什么它整天都在惹麻烦，还能被称为聪明、可爱，我整天卖力地干活，却得不到主人的半句夸奖？"毛驴气愤了许久，有一天，它终于鼓足了勇气，踩着草垛颤巍巍地站上了房顶。毛驴在房顶上跳来跳去，学着猴子的样子大声嘶鸣。没过一会儿，它就踩坏了房顶的瓦片，把主人的屋顶弄出来好大一个窟窿。主人见状，急忙跑到房顶，将毛驴拉下来暴打了一顿，边打还边咒骂着："这个野性的畜生，这个野性的畜生……"

毛驴挨了骂挨了打，却始终不明白其中缘由。为什么小猴子做了这样的事情，就能够得到表扬，我做了同样的事情，却要遭受毒打呢？

显然，毛驴在做事之前，根本没有找准自己的位置，他对猴子的效仿不过是东施效颦罢了。透过这件事反观人类，我们何尝不是经常制造毛驴那样的闹剧呢？物质的诱惑，人群中的流言蜚语，有失偏颇的评价，不是也让我们迷失自我，找不到人生的定位吗？

英杰在外工作十年，早已厌恶都市的忙碌生活。每一天重复的都是机械的刷牙声、梦境混乱的睡眠和剧烈的拥挤与漫长的等待。

等电梯时，人们总是一遍一遍地按按钮，好像那样会让电梯快些到来；在电梯里，人们还是着急按按钮，想要马上关门，马上到达自己想要去的楼层。虽然只要几秒钟时间，电梯门就会自动关上，可是没有人等得及；在红绿灯前，总是有人穿梭在疾驶的车辆中间，“勇敢”地穿行，“勇敢”地闯红灯，“勇敢”地违反一切规范；坐在电脑前，快速地开机，快速地敲打键盘，快速地处理一切邮件和事物，仿佛世界末日就在眼前，慢一点的话，一切都来不及了……

英杰就是上述情况中的当事人，被一股莫名的力量推着向前走，每天穿梭在斑马线和打卡机之间，活像一句生硬而毫无生气的标语，押韵而服从。

想当年，他带着“城市，让生活更美好”的愿望，从一个西北小镇来到城市。他知道心中的梦想在哪里，却不知道脚下的道路在哪里，直到经历了希望到失望再到无望，远离城市似乎变成了他的终生命题。

回想过去的这些日子，他每天不断地被闹钟吵醒美梦，不断地被领导的电话打乱假期，不断被房贷、信用卡账单逼着熬夜加班。每天挤在五号线的地铁里，经历着世间奇异的人与人之间的物理挤压，他不禁问自己，这就是我向往的城市生活吗?

“或许，我曾经是迷茫的，在忙碌的人群大潮中不断向前，不断向前，似乎那就是我认定的人生价值，那就是我在这个世界上的存在意义。现在看起来似乎并不是。我要离开，我想回家。”英杰踏上归乡列车之前，在微博上写下了这样一段话。带着新的愿望和期待，他走回了年少时生长、玩耍的县城，想要找寻一种归园田居的生活。

可是，他不曾想过，十年的时间足够让一座并不算闭塞的小城变得物是人非。昔日感觉还算宽阔的马路，如今已变得拥堵不堪。尽管原本的摩托车换成了小汽车，司机师傅却还保持着“马路杀手”的犀利风格，在拥挤的路面上横冲直撞。

更可悲的是，繁华的购物中心，摩肩接踵的消费人群并没有让这个县城变得更有秩序，更像是一个进步中的文明城市。商店招揽客人的音响声此起彼伏，挤占在路边的小摊儿占满了街道两边的道路。相比大城市的红绿灯，这里的行人更加不管不顾，这里的司机更加蛮横无理。

英杰只待了三天，一腔回归平淡的希望又重新幻灭。“在我眼中的城市，无论是大城市还是小城市，我都看不出任何让生活更美好的现实。我则像沉入大海的一粒沙，在风浪中浮浮沉沉，找不到人生的方向。”

如果说，每个人都要有一个对人生、对自己的基本定位，那么在轰轰烈烈的时代中迷失自己的人是自身的无能还是现实的逼迫呢？很少有人能够像苏格拉底那般斩钉截铁地说：“我被神派遣到这个城市里来，好比是马身上的一只牛虻，职责就是刺激它赶快前进。”因为这些人不过是身处此境的迷茫者，周围的一切在变，他们也在变，当事物没有变得美好而是混乱时，人们就像迷路的羔羊一样，在旅途中迷失了自己。

曾经有一个朋友，她对自己的人生非常清楚，清楚到生活中的每一个细节。当有人请她吃橘子，她会问：“甜吗？我不吃酸东西的。”对方拿过橘子，剥开尝了一瓣，说：“很甜。”然后将橘子递给她。我笑着问她说：“干吗这么偏执，甜不甜不是要尝了才知道嘛。”她却说：“我选择一种认定的口味，就像选择一条人生的路，从此刻一直走下去，永远不回头。”

不是所有人都能够如此清晰地认识自己，也不是所有人都能如此决绝地选择一条路，然后一直走下去。但是，身为凡夫俗子的我们，总要在生活中找准自己的定位，为自己寻得一个合适的位置，一种合适的生活，否则的话，真的就要变成那个“邯郸学步”的人了。

青春永驻——心态年轻才是真的年轻

海涛在地铁站，意外地邂逅王大哥。他专程从外地赶来，去探望生病住院的朋友。“我们从小一起长大，可如今，一个远在外地，一个重病在床，马上就要天人永隔了。”听王大哥讲述朋友的故事，才获知他已经是六十有四的人。

王大哥清瘦开朗，又十分健谈，时刻关心着身边发生的事，好像心中还住着一个年轻的孩子，每时每刻都在为他提供新奇的想法。当海涛问及他如何保持如此年轻的状态时，王大哥笑说：“可能是我这人心大吧，什么事都不放在心上。”与其说王大哥心大，不如说他保持了一个年轻的心态，时刻保持着思维和身体的活力状态。

中午时分，海涛打算请王大哥吃全聚德烤鸭，他却说：“烤鸭过分油腻，还是吃些清淡的。”于是，他们找到了一家清雅的饭店，点了几个清淡的小菜。王大哥不喝酒，拿着一杯豆浆和海涛对饮。他们一边等菜，一边寒暄着各自的近况，直到聊起王大哥平时的生活，他的话匣子才算真正地打开。

退休之后，王大哥开始上网寻趣。不过，他上网不是为了打游戏娱乐，而是在一个贴吧里讲历史段子，写评论文字。虽然只有网友互相分享和转帖，不会给王大哥带来任何经济效益，却让他在不问俗事，远离功利的生活中返老还童了。他一边和众多网友交流历史，一边享受着花甲之年的惬意生活。这样一来，想不年轻都难吧！

送别时，看着王大哥远去的背影，海涛不禁问自己："当我过了花甲之年，能像他这样精神矍铄，享受生活吗？"

每个人身边一定都有这样两种人：一种人年过半百，却依然有着年轻的心态和体魄，每天过着充实的生活，享受人生的晚景；一种人正值韶华，却满脸愁容，一身疲惫，还未经过几多人事，就已经未老先衰，感慨年轻不再，容颜不再。

其实，年轻也好，年老也罢，不过都是心态使然。年纪大的人，如果依旧能够按照自己的心愿生活，每天料理家务，买菜做饭，参加社交活动，不把自己当成某一个年龄段的人，不刻板地觉得"三十岁应该为梦想奔走，六十岁就要静静地等候死亡"，而是按照内心的想法生活，也能将对自己、对人生的看法融入生活中去，忘却年龄地生活，保持年轻的状态。

曾经遇到过一个年过半百的阿姨，头发有些花白，却依旧做了一个精致的发型，面容保养得也不错。我问她："每天收拾这个发型需要不少时间吧？"她说："是挺费事的，可是，谁让我喜欢呢！”

很多事的原理就是这么简单。喜欢什么就去做，不要看别人的脸色和态度，也不要变成了别人的附庸，没有自己的快乐和追求。

和阿姨聊一会儿天才知道，阿姨的生活非常丰富。白天，她会到老年人活动中心去学跳舞，到了晚上，她则和几个同龄的退休老人到广场上教别人跳舞。有时候，他们的舞蹈根本没有章法，只是跟着音乐节奏随意扭动身体。然而，效果却非常明显。几个月下来，阿姨不仅锻炼了身体，还结交了不少朋友，生活也变得有滋有味起来。

总而言之，心态的年轻才是真正的年轻。年轻并不单单指红润的脸颊，性感的双唇和丝滑白皙的肌肤，它更像是一种愿望，一种充满生命活力的情绪状态。那些整天抗皱、养颜、做医学美容的女子，虽然面容上还保持着光鲜亮丽，她们的心理却说不定已经走入了衰老。

无论是十六岁还是六十岁，只要我们依旧对生活、对世界充满好奇心，像孩子一般经久不息地期待着下一刻的美景，我们就永远不会衰老。或许岁月可以弄皱皮肤、时间能够暗淡瞳孔，对生活的热情却会在我们心中设定一个无线电波——只要心灵能够从人类和宇宙中接收到美丽、希望、欢乐、勇气、力量的信号，我们就将永远年轻。

一个人也能做啦啦队长——为自己加油

小敏听说，阿全的父亲住进了医院。趁着周末有空，她就带着孩子去医院看望了一下。阿全是小敏从小的玩伴，两人也算是青梅竹马的发小。而且，小敏和阿全的父亲也是相识多年，每次见到，小敏都会亲切地称他一声“大伯”。

大伯开了一个加油站，全家的生活都要依靠加油站的收入，也因此，大伯全身都累出了毛病，风湿腿和静脉曲张已经变成他多年的老朋友了。

在医院里，大伯两只眼睛轻轻地眯着，意味深长地对小敏说：“我开了一辈子加油站，一辈子都在为别人加油，却始终忘了给自己加油，结果你看，就落得了这般下场。”

小敏一边安慰大伯，一边咂摸着大伯说出来的这段话。“是啊，好像许多人都是如此呢。不论是精神上还是肉体上的，人们总是习惯给别人喊加油，却始终忽略自己的需要——在体育赛场上，我也曾担任啦啦队长，对运动员狂呼加油，但是从没想过为自己呼喊加油。”

在漫长的人生旅途中，我们往往都是活在理想里的隐士，总是为了心中的目标默默地努力着，就像是一个孤独的跋涉者，不管爬到山腰还是登上顶峰，都不会引起他人的注意，更不会得到别人的喝彩。这时，有人难免会产生世态炎凉，人情冷暖之感，导致自己的心情悲观失落。其实，加油鼓励的话可以来自他人，也可以来自自己，就像一个人也能够做啦啦队长，因为他是在为自己加油。

人们已经习惯性地期待来自别人的鼓励和嘉许，即使一个肯定的眼神、一句激励的话都能让人勇气倍增。的确，来自他人的肯定对我们内心的影响是非常重要的，但我们为何不尝试自己为自己加油呢？来自自己的肯定，同样能够提供巨大的能量和源源不断的勇气与信心。

为自己加油喝彩，并不是自我炫耀，也不是内心膨胀，而是一种自我激励的手段。就像奔跑在长跑赛道上的运动员一样，在马上到达终点的那一刻，也就是最难熬的那一刻，此时，场外的加油助威已经毫无作用了，运动员唯有在心中默默地鼓励自己，只要向前一步，再一步，再一步，最后一步，就能成功了。运动员能够通过自我激励，熬过艰难的时刻，坚持到胜利的终点，难道我们不可以吗？

光阴荏苒。转眼间，小荷已经是一个6岁孩子的妈妈了。眼看着孩子一天天地长大，喜悦和忧愁同时而生。孩子活泼可爱，给每天的家庭生活增添了许多欢乐。然而，当孩子开始面临读书、阅读、成长等一系列生活转折时，小荷又开始愁云满腹。

这几年，小荷辞职在家做全职太太，每天除了照料孩子，就是料理家务，没有任何收入。家庭的重担就留给了丈夫，除了每月的房贷、日常的开销，还要负担父母的生活。看着每天辛辛苦苦工作的丈夫，小荷就忍不住心里发酸。

孩子大一点之后，小荷便开始到处找兼职，希望在孩子上学的一段时间，能找到一份工作，为家里增加些收入。可是，找了几次都没有特别合适的，即使工作时间宽裕，报酬却低得可怜。在没有亲人，没有朋友陪伴的时候，碰壁之后，小荷都会回家写一篇短小的日记，将一天的心理变化梳理一下，既是一种情绪的发泄，也是一种对自己的鼓励。

她会将这一天里自己表现好的方面进行整理，也会对糟糕的方面提出批评，最重要的是，她总是会在结尾处添上一句："加油，小荷，你一定可以成功！"正是靠着不断的自我激励，她才从屡屡碰壁的挫折中走了出来。

最后，她放弃了寻找兼职的想法，转而开起了网店。刚刚开始，一切都是新的，没有经验，没有门路，本钱也少得可怜。最好的一点，就是她可以一边照顾孩子，一边打理网店，一举两得。

经历了许多波折和坎坷之后，小荷的网店渐渐有了规模，收入也高了不少。有一天，老公加班回来后，看着电脑里的销售记录说："业绩不错嘛，你是怎么做到的？"小荷在厨房里大声地回答说："我自己有加油站啊！"

人生的旅途如此漫长，在前进中一定会遇到各种困难。如果别人不给自己加油，就一定要记得自己鼓励自己。如果连你自己都放弃了，无疑会成为困难的俘虏。时刻想着为自己加油，既是对当下的所为负责，更是对自己的人生负责。

那么，如何养成“为自己加油”的习惯呢?

第一，肯定自己的人生选择。每个人对于人生都有一个目标，并且会为这一目标选择一条独特的人生道路。既然人生已经做了选择，就要坚定自己的立场，专注自己的选择，不断为每一个目标的实现鼓励自己，为自己加油。当你站在了下一个起点时，就一定会信心百倍，一路向前。

第二，由衷地欣赏自己。为自己加油的前提，就是要挖掘出自己的长处，并且由衷地为这些优点感到骄傲。当你成功完成一个工作项目时，可以为自己的勇气、坚持，甚至和他人建立的良好关系鼓鼓掌，因为这些都是通过努力得到的。

第三，不要害怕挫折。实际上，最需要加油鼓励的时刻，就是面对挫折的时候。与其整日担忧挫折失败，不妨告诉自己:“这些挫折终会过去，这个过程却会变成一种成长。”自我勉励，永远是为自己加油最好的方式。

给自己时间——放慢生活的节奏

上个星期，在剧院做导演的劳拉带着父亲贝内特先生去看了一场戏剧。戏剧改编自菲茨杰拉德的小说《了不起的盖茨比》。这是一场实验戏剧，剧本本身就是小说，剧中的主角尼克则在舞台上读了六个半小时的书，从下午两点一直演到了晚上十点，中间还留出了观众吃晚饭的时间。

贝内特先生是个银行家，即使退休了还时不时地到公司转转，查看一下员工的工作状态，和老朋友聊聊天。这一天，女儿让他在剧场里浪费掉六个多小时，他觉得气愤至极，随时准备退场。吃过晚饭后，他甚至不想回剧场了。无奈女儿坚持劝阻，他才重新回到了楼上的包厢，开始看剩下的半场“朗读表演”。

当他耐心地欣赏演员的表情，仔细品味小说中优美的句子时，他完全沉浸在故事情节和菲茨杰拉德描绘的那个时代中。后半场的表演，贝内特先生丝毫没有走神，甚至为忽略掉前半场的精彩内容而感到遗憾。

这次的经历让贝内特先生对生活产生了新的想法。他不禁质问自己，每天如此忙碌的生活是为了什么？如果说，在职位任期内，忙碌的工作是为了公司的发展，为了守住自己开创的事业，退休后，依旧如此的生活又是为了什么呢？思考之后，贝内特先生决定一改往日忙碌的行程，开始过一种慢节奏的生活。

在野地上风吹日晒的工人会羡慕坐在办公室里的职员，因为他们坐在温度适宜、环境舒适的房间里，过着动动手、动动脑就可以解决问题的上班族生活。实际上，都市的激烈竞争和快节奏生活，已经让这些上班族在体力和精神上感到疲惫。

职场中的人，无论年轻还是年老，始终处于一种“好好工作，天天向上”的快节奏中，就像是上紧发条的时钟，八个小时内不停地旋转，职场工作也变成了脑力、体力大比拼。在职场的光鲜和金钱的收获之外，牺牲掉的是生活的质量和身体健康。

于是许多人，尤其是年轻人，每天都活在如同飞速行进的地铁般的生活中。常常一颗心同时想做两件事，一个小时恨不得分成四份儿来用。可是，当医生在给你做手术时，还在不停地发着短信，查着邮件，你能接受这样的场景吗？当心理咨询师为你咨询时，还不忘记盯着屏幕上的股票指数，你能忍受吗？

我们总是急不可耐地奔向前方，为了更远的目标，更好的生活。同时，快速的生活也让我们忽略掉许多真实的感受。我们走得越快，感受到的就越少，就会越少感受生活的美好，反而让自己陷入焦虑、急躁的情绪状态。于是，西蒙在一首歌中唱道：“慢下来吧，你走得太快了。你得留住早晨的朝阳。”

在同事们看来，小雅是一个做什么事都慢半拍的人，在室友看来，小雅是一个“大事糊涂，小事不糊涂”的人。乍听这样的评价，一定有人觉得小雅是一个生活混乱，邋里邋遢，对生活中的大小事都不上心的宅女，其实不然。只不过，小雅是一个典型的坚持慢节奏生活的人。

上班的时候，她宁愿早起，也不想快速奔跑去赶公交或地铁；一日三餐，她宁愿少吃，也不愿狼吞虎咽。工作时，她会在一个漫长的周期里制作出出色的方案，而不是玩上半个月，最后三天通宵加班。别人都说她慢，她说这是在享受生活。她也像忙碌的人无法理解她一样地无法理解对方，常常质问那些风风火火的同事说：“你们为什么不能忙里偷闲地做一个深呼吸，对自己的存在心存感激呢？”

休息日，小雅会选择一天中的一餐，午餐或者晚餐，认认真真地对待，花时间去体味食物的香气、味道和口感，恨不得为一道美味赋一首诗或做一篇文。回家后，她会在椅子上蜷作一团，花几个小时享受纯粹的阅读或思考。如果思路通畅，她会将内心的感激和想法变成文字，写在她的日记本上。如果朋友来访，她会花时间倾听朋友的言语，对悲伤者给予安慰，对欢喜者给予祝福。有时候她甚至不去说，花长时间听对方讲话，仿佛那些话本身，就是一件值得欣赏的作品。就这样，她慢慢地让欣赏、品尝、享受、散步、沉思和闲适融入了自己的生活，也变成了她独特的存在方式。

《自己给自己时间》一文曾这样写道："在每天紧张的挑战来临之前，我都为自己保留一两个小时心灵的空间。那么，不论这一天有多忙，要做多少事情，我知道，我已经享受过'自己的时间'了，我不会觉得自己'受到了谁的剥削'，更不会生出'好像生命不是自己的了'的怨艾。"

给自己留出时间，就是给生命留出停留、思考和喘息的余地，好像一种物质交换一般。你若威逼生活快速奔腾，心灵就会受到压缩；你若放慢生活的节奏，心灵得到释放，心情也变得怡然而充满享受。其实，平和的生活并不需要任何大道理，只需要补充一点睡眠、舍弃一点应酬、控制一下放纵而已。

先爱人然后被爱——在爱情中成长

关于爱情，曾经有过这样的说法。人的一生会遇见三个人：第一个是你最爱的人，第二个是最爱你的人，第三个是共度一生的人。当你遇见最爱的人，便会体验到爱的感觉；当你发现了最爱你的人，才会慢慢体会被爱的感觉；当你经历过爱人与被爱，从此学会了如何爱人与被爱，才会知道什么是你需要的，才会找到能够相处一辈子、最适合自己的人。

被言情小说和偶像剧催眠的人，一定觉得这样的人生太美好，太恰到好处了。然而，现实总是带有更多悲哀和无奈的。这三个人，往往都不会是同一个人。你最爱的人，往往从没爱过你；最爱你的人，你也从来没有放在眼里；而彼此相处时间最长，甚至相守一生的人，往往不是你最爱，也不是最爱你的人，你们只是在合适的时间遇到了彼此罢了。

爱情说白了，没有命中注定，也没有非你莫属，不过是两个人，男人和女人，互相理解，互相尊重，互相取长补短。常见的情节也不过是饮食男女，家庭琐事，故事的结局也不过是男人爱上了另一个女人，或者女人爱上了另一个男人，或许相守多年，白发苍苍，不是悲剧就是喜剧。

不过，懵懂的少年或者情窦初开的少女，总是对爱情充满着期待和幻想，觉得世界上的某一个地点，一定存在一个 Miss. or Mr.Right，等着与自己发生浪漫的爱情。值得庆幸的是，当憧憬破灭，或者爱情不再美好之时，留下来的不仅是美好的记忆，还有在爱情里成长的自己。当一个人的爱情幻想破灭之后，不仅会生出对爱情精辟的分析和对过去恋人深切的批判，还会从过来人的角度重新审视自己，看到灵魂的成长。

同事明明走到郝大姐的桌前，抱怨着男朋友对自己忽冷忽热，有时候还一副爱理不理的态度。郝大姐让明明想一下，是不是自己有错在先。明明思考一会儿，还是固执地坚持，一切都是男朋友的错。于是，郝大姐给她讲了一个回声的故事。

从前，有一个孩子对着山谷大喊一声："喂！"很快，从四面八方传来了一阵阵"喂"。孩子又喊："你为什么学我？"不一会儿，那声音回答他："你为什么学我？"孩子更加生气了，对着山谷喊："你是个傻瓜！"只听见大山里回荡着此起彼伏的回响"你是个傻瓜""你是个傻瓜""你是个傻瓜"……

孩子生气了，觉得大山欺负他，于是跑回家把经过告诉了妈妈。妈妈却微笑着说："孩子，你可能搞错了，大山谁都不会欺负。这样吧，你回去对着山谷喊'我爱你'，看看大山会怎么说？"孩子回到山上，对着山谷大喊："我爱你！"话音刚落，四面八方都回应他："我爱你！""我爱你！""我爱你！"

听完了故事，明明羞愧地说："我明白了。一定是我也那样对他，他才反过来那样对我的。"

从任何一种人际关系中，我们都能得到自我成长，爱情更是如此。因为人与人之间的性格、理念的不同，必定会造成彼此之间的冲突和摩擦。尽管这种冲突是一种负面的，带着强大的消极情绪，但只要我们反观自身，总是可以从冲突中寻到改进之处。

那些整天抱怨没有人爱的家伙，正是没有懂得爱情的先后顺序。我们总是先爱人，然后才能被爱，那些吝啬着不肯付出，坐在家里等着别人来爱的人，估计要孤独终老了。

这话不是信口胡说，而是有道理依据的。每个人都渴望被人爱，渴望从他人身上得到关怀和温暖。如果两个人如同刺猬一般，既想要彼此依偎取暖，又不愿放弃保护自己的利器，大概只有哪个肯为了爱情牺牲生命的勇士敢于一试了。

不过，爱情毕竟是充满变数的。无论是选择爱人还是被爱，最后都有可能是悲剧收场。就像《东京爱情故事》中的莉香，她的乐观，她的积极，她的直率，她的豁达，她对爱情的付出与坚持，却不曾换来一段美丽的爱情。当她经历了和完治的相近相远，亲眼看见和感受了感情的起伏之后，才明白爱情的本质就是无奈的。

如果一个人的心中根深蒂固地藏着一个名字，不管是青梅竹马还是一见钟情，或者是患难与共，都撼动不了对方的位置。日久生情只会改变习惯和心情，却永远都不是爱。

当莉香登上了离去的火车，她或许看不到躲在角落里的完治，或许不再留恋这段为爱傻傻付出的感情，却一定会在这段时间里成长起来，成为一个懂得爱人，并且懂得接受和理解对方感情的女子。

我们在生命中遇到不少人，可是有几个成了知音？又有几个成了我们珍惜或是深爱我们的人呢？残酷一点说，有那么多人，他们的出现不过是为了带你走过一段成长的路，让你学会坚强、学会珍惜，或者懂得爱情的真谛。

就像我们在中学里成长，在大学里成长，在工作中成长一样，那个不能和你相守到老的人，就是上帝派来教导你的天使。他或许并不完美，或许没有你想象中那么好，或许只能存在你生命中那么短暂的一段时间，却留下一份珍贵的爱情讲义，让你在未来的人生中懂得爱，享受爱，在相亲相爱中守候幸福的生活。

这样说来，那些被我放弃，或者弃我而去的过客，不正是我幸福生活的天使吗？

第十一章

建立强大的心理优势

对社会、对人生拥有一套完整的看法，有自己的坚定信念，不浮躁，不急迫，发自内心地相信自己，敬畏生命，对生活充满激情，内心强大的人，其实是精神上的贵族。

外化而内不化——思随真理，言随大众

《庄子 · 外篇》中《知北游》一篇记载：“仲尼曰：‘古之人，外化而内不化；今之人，内化而外不化。’”所谓的“内化”和“外化”，就是指改变人内在的本性和顺应外界的环境。

庄子在这一篇中探讨了人的自然本真和外界事物之间的关系，而他本身坚持的原则就是“外化而内不化”，意即人可以跟随外部环境的变化与时俱进，为了适应社会、适应时代而做出一些改变或者退让，将自己融入大环境中。外在随遇而安，但是没有失去内心坚持的东西，不曲意逢迎、不攀附权贵，坚持自己做人做事的原则。

“外化而内不化”，这话说起来简单，但做起来难！毕竟，在生存大于理想的年代，社会上的诱惑越来越多，能够保持自身的温饱尚且不易，保持一份安之若素的胸襟更是难。如果一个人只有内心的坚持，而脱离了社会系统的支持，又要拿什么来生活，拿什么来维持自身的社会角色呢？由此说，思随真理，言随大众不失为一种适应社会，保持自我的方法。

庄子在《秋水》一篇里又假托孔子之口，讲了一个这样的故事：

孔子出去游学，当他到达匡地的时候，突然之间遭到一群当地人的围攻，当地人一层一层地包围起来，人越围越多，将孔子一行人围在了圆心的位置。

孔子坐在地上，一边听着周围的兵刃之声，一边唱着歌。这时，子路慌慌张张地走过来，对孔子说："外面都这样了，您还有娱乐之心啊？这些人不知道因何而来，看来咱们要有性命之忧了！"孔子淡淡地说："你过来，我告诉你。"子路走到了身边，孔子说："你看看我这个人，我一直都在躲避穷困之境，却始终没有躲开，你知道这是为什么吗？这是我的命！我也求通达，但是从未通达过，为什么呢？这是时运不好！

"在真正的治世，清明太平的时代，是没有穷困可言的；而在暴君当道、虎狼掌权的时候，也没有哪个通达之士可以显露出来。如今的这一切也是我们躲不过去的。

"世界上有很多不同的勇敢：一个人在水中穿行而不避蛟龙，这是渔夫之勇；一个人在陆地行走而不避猛虎，这是猎人之勇；一个在白刃相交于前，能视死如归，这是烈士之勇；临大难而不惧，这叫圣人之勇。

"穷困或通达，有它自然的道理，当你知道时运如何，心中有所秉持，这样才能够在大难当前时，做到泰山崩于前而不惊于色。既然我们命定如此，你就少安毋躁，在这待一会儿吧。"

子路虽明白其中道理，却难耐心中害怕，颤巍巍地在孔子身边坐下。过了一会儿，一个身穿甲胄的人走了过来，对孔子说：“对不起，我们搞错了，我们要围的是一个叫阳虎的人。”

《论语》中也曾记载，阳虎的面貌和孔子有点相似。正因如此，这些人才弄错了，造成了一场误会。不过，从这场误会中我们也可以看到，孔子是如何做到“内不化”的——只有内心的强大、安静和勇敢，有所秉持，无惧无畏，才能让你在外在上处变不惊，游刃有余。这也是庄子写这个故事的最终目的。

或许每个时代的人都有内心需要坚持的东西。比如近代革命家那种“独立”“自强”的精神，学者坚持“民主”“科学”的精神。在这个时代，年轻人最应该坚持的就是心中的品格。

或许你不得不将自己变成一个发条橙，每天定时上下班，在封闭的格子间中埋葬自己的青春；或许你不得不小心做事、谨慎言语，生怕哪次举止不当得罪了上司，从此前途无望；或许你不得不眼看着不公平和黑暗的存在，却只能内心绞痛，无能为力。但是，在你逐渐调整自己的外在，努力适应社会生活时，一定不要忘了心中的坚持，坚持“不尚武，不尚力，而尚心”。这“尚心”指的就是品质，是一个人的人格。

随缘——让浮躁的心沉静下来

日本江户时代曾经有一个大师，他每每教导他人，都要众人平心静气，用佛心和高尚的品德要求自己。因为他的讲道深入浅出，通俗易懂，因此许多内心存有困惑的人都来拜谒或者请求开释。不过，他有一个习惯，就是常常在开释之前让信徒们静坐冥想一番，将内心中的浮躁之气沉淀下去，他才开始耐心解说。

一天，寺院里来了一位陌生的信徒。他请教大师说："大师，我的性情暴躁，常常无故发火得罪人，为此我很是困扰。请问您有什么办法能帮我改正吗？"大师思虑片刻，对这位信徒说："看你风风火火地赶来，一定是真诚相求，我会尽量帮你的。不过，你先坐下来吧，坐下来想想你的暴躁。"

信徒依从大师的话，在一块青石板上坐了下来。可是，没过十分钟，他又问大师说："不行啊，大师，我现在还想不起来暴躁的性情。一般情况下，当我碰到具体的某一件事时，它就会自动跑出来的。"大师没有考虑他的意见，让他继续闭目冥想。

过了一会儿，信徒实在是忍不住了，站起来对大师说："您还是直接告诉我改正方法吧，我坐在这里只是心中烦躁，毫无用处。”大师摇摇头说：“只有你闭目冥想时，才能屏蔽外界的障碍，进入内心的环境，才能找到你的暴躁之源。”

信徒再三请求，大师都没有为他讲解方法，他瞬间就变了脸色，指着大师说：“我看，你根本就是个幌子大师，因为你什么办法都没有，所以才让我坐在这里空想，我再也不要相信你的鬼话了。”说着，他踢开院门，悻悻离去。

世上总是有人将自己的过错推给他人或者上天，殊不知，一切因果都是源自自身。那些被自身缺点所控的人，在人生的某一阶段总是会艰难前行，如同那位陌生的信徒一般，他永远不知道静不下来就是“躁”，永远对沉静内心这件事抱以抵触，他就将永远活在暴躁和愤怒中，得罪别人，烦恼自己。

一般有智慧和德行的人对生活、对事业、对自身都有一个端正的态度，其原因就在于内在的修炼。通过静坐或冥想，让眼睛逃离尘世的干扰，将注意力从外转到内，消除外界带来的浮躁之气，从而解决自身的困惑和忧愁。

佛家常说，一个人的修行如何，不用看别的，只要看色相，就能看出修行的质量和程度。一个能够专注于某一问题，沉静思考的人，必定是内心清净、心境平和的。所谓“学问深时意气平”，心境平和的人，做学问也不会浮躁夸张。

夏天，院子里的草地枯黄了一大片，珍妮弗赶紧找来爷爷说：

“咱们快撒些草籽吧，否则草坪就要变成爷爷的头顶了。”爷爷笑笑说：“不着急，等天凉了再说。”

到了八月中旬，爷爷买回来一大包草籽，带着珍妮弗一起播种。可是，院子里刮起一阵秋风，草籽随风飞舞，有的被吹到路面，有的被吹到空中。珍妮弗大声喊着：“草籽飞走了，草籽飞走了……”爷爷说：“没有关系，吹走的草籽无核，落下来也不会发芽。”

当天夜里，忽然下了一场大雨。珍妮弗冲到厨房，哭着对爷爷说：“这下完了，我们的草籽肯定会被雨水冲走的。”爷爷正在看书，眼皮都没有抬一下，安慰她说：“相信我，一定会长出草坪的。”

半个月过去了，秃掉的草坪上长满了青苗，一些未播种过的角落也开始泛着绿意。珍妮弗高兴地直拍手，爷爷站在门口说了一句话：“一切随缘。”

许多时候，人要羡慕别人的快意和上升，就无法修炼提高自己，进德修业也常常无功而返。心气不平时，观看事物不客观，体验彼此也不能全面。心平，浮躁之气远离，仿佛脚下生根，任凭风吹草动，波涛汹涌，皆可免予沉浮。所谓不浮，也就是不惑于此。

沉静的内心，是一种胸襟气度，也是一种氛围，一种广大自在的心理状态。就像和风、轻云、流水，是需要阅历沧桑、壮怀激烈之后才能生出的一种平和。对于你我凡夫俗子，若不能气质平和，至少处世随缘，莫强求自己，也不逼迫他人，浮躁的内心便可随着时间慢慢沉静。

一个法国的军人在大革命中受伤了，失去了一条腿。他每日酗酒消沉，过着没有希望的日子。三个月前，他曾经是一个热血青年，为了心中“自由、平等、博爱”的理想奔赴沙场。此时，他憎恨这个国家，憎恨那些鼓吹革命，却又不断将财富塞入自己腰包的人。他也憎恨自己，失去了信仰的身体不过是没有灵魂的躯壳，如果不是老母亲苦苦的哀求，他恨不得一枪毙了自己。

两年过后，这位军人依旧过着昏天黑地的生活，整日酗酒，流连妓院和赌场，不问世事，也不想以后的人生。有一天，一个朋友告诉他，在一个偏僻的小镇上有一个特别灵验的泉眼。这个泉眼不是一般的山泉，而是带着灵性的水源，很多人都在那里治好了病。

军人拄着拐杖，也来到了镇上。他一瘸一拐地走在小镇的街道上，当地的居民带着轻蔑的口吻说：“可怜的家伙，难道你想向那神奇的泉眼要一条腿吗？”军人停住了脚步，转身对他们说：“我不是要请求有一条新的腿，而是要请求它帮助我，教我在没有一条腿后怎样过日子。”

当他来到泉水出口时，遇到了一位看护神祇的老者。老者从山泉中舀出一碗水，对军人说：“这碗水可以免费给你喝，条件是你要放弃过去的生活，让自己重新开始人生。”军人答应了老者的要求，如愿地喝到了神奇的泉水。

回家之后，军人不再沉迷色情和赌博，而是在一家二手书店找到了一份秘书的工作。二十年后，他成了红极一时的畅销书作家，而他一生的追求，就是拯救那些身陷困境中的人。

无视他人的非议——想说就让别人说去吧

在20世纪30年代的上海滩，有一位演艺界的奇女子叫阮玲玉。她文化水平不高，却能够在表演中准确地诠释人物。在她所有的作品中，当数《神女》最为传神，她将一个品格崇高的母亲和一个地位卑微的妓女融为一体，演出了人物的灵魂。即使当时的“电影皇后”胡蝶也不得不承认：“阮玲玉演得了我的角色，但我演不了她演的角色。”可惜，在演戏上颇有造诣的阮玲玉，最终却死在了“人言可畏”的上海滩，年仅25岁。

当时，分别和阮玲玉同居过的唐季珊和张达民为了争夺她，将彼此之间的私事闹到了法庭上。张达民状告唐季珊侵吞自己的财物，霸占自己妻子，要求他把阮玲玉还给自己，并且赔偿高额的精神损失费。唐季珊则状告张达民捏造事实、颠倒黑白、妨害名誉。他们的官司你来我往，在法院一审再审，持续数月之久，其间上海的小报则大肆做宣传文章，将阮玲玉批作“可耻的荡妇”，“罪不容诛的祸水”。甚嚣尘上的言论抨击让阮玲玉有苦难言，最后走上了自杀的绝路。

提起阮玲玉的故事，除了让喜爱电影的人更加怀念这位颇具天赋的演员，更加让人为“人言可畏”这句话感到惊心。鲁迅也说：“她们的死，不过像在无边的人海里添了几粒盐，虽然使扯淡的嘴巴们觉得有些味道，但不久也还是淡，淡，淡。”可见舆论的力量从来不会因为某个人的殉节而停止，反而会激生出更多话题，引来更多非议。

非议永远来自不同角度的评价。似乎每个人都试图从自己的立场评价别人，更有甚者，是出于一个固有的目的去评价别人。这时候，立场就会变得十分多样化，评论的内容和程度也会有所差别。不过，评论者或许永远不知道，当自己得到想要的利益时，被评论者会受到怎样的影响甚至伤害。

在这个讯息异常发达的今天，任何人都能成为评论者，任何人都可能被非议。这时，就需要我们拥有强大的内心世界，练习淡定从容的心态，让那些想说的人、想议论纷纷的人尽管说去。有时候，无视就是最好的应对策略，我们只需要依旧吃饭，依旧睡觉，依旧做自己的事。

从前，有一个人非常嫉妒释迦牟尼，于是便跳到释迦牟尼的面前大声叫骂。可是无论他怎样的高声叫嚷，释迦牟尼始终保持沉默，不予理会。

当他骂得口干舌燥，气喘吁吁时，释迦牟尼问他：“朋友，如果有人送你东西，而你并不想接受的话，这个礼物最后该归谁呢？”那个人不假思索地说：“当然要还给那个送礼物的人。”

释迦牟尼立刻笑着说："那么，刚才你骂我的话，我并不想接受，这些话现在要归谁呢？"这一反问，使得那人无言以对，霎时觉得自己太过分了。于是，他立刻向释迦牟尼道歉，并立下誓言，表示今后再也不敢如此放肆了。

后来，释迦牟尼讲道时，对弟子们说出了这段亲身经历，并训诫他们说："受到他人责骂，就想反唇相讥，这当然是人之常情。实际上，这也不过只是逞一时口舌之快罢了，就好像向空中吐痰一样，不但伤害不到对方，反而会溅回自己身上，徒然自取其辱，伤害自己的尊严。"

凯恩斯有句名言："长远来看，我们都死了。但死了之后，跟在你名字后面的还有你为这个世界做的事情。你放心，那些指指点点的非议绝对不在其中。"

许多人看重了来自他人的非议和责骂，将那视作一件有害生命，必须除之而后快的大事。于是想方设法针锋相对，甚至寻求报复。其实，我们完全可以无视他人的非议，自在地过自己的生活。如果那恰好是无中生有的流言，不是正好让它不攻自破吗？

有朋友转告胡明说，有一位同行觉得他非常傲慢。有趣的是，他甚至不认识这位同行，连名字都没有听说过。经过同事的提醒，他才勉强想起来，唯一的一次接触就是在上个月的商务饭局上。

当时，胡明由经理带着入场，一大桌子人他一个都不认识，于是他找了一个角落，安静地坐了下来。一个晚上，他只跟旁边的人说了话，交换了名片，有的人打了声招呼，有的人则连脸都没记住。那个在背后议论他的人，估计就是“连脸都没记住”那组里面的。就因为如此，胡明被冠上了一顶“傲慢”的帽子。

不仅如此，当天出席饭局的经理被认为是“浑身铜臭味，俗不可耐”。胡明猜测，经理一定一整个晚上都在和他们谈论如何选精品楼盘、如何保养阿玛尼西装和如何保养他家的狗吧。在胡明眼中，经理的确有如此俗不可耐之处，不过相较于其他的经理人，他更热心，更有胆识，更有魅力。

同事问胡明：“这周还有一个饭局，要不要去摘掉‘傲慢’的帽子，挽回自己的形象？”胡明说：“嘴长他身上，让他说去。我下个月的广告单就签他们家，让他看看这到底是‘傲慢’，还是‘偏见’！”

心态调整——从依赖到自强

老鹰在繁殖幼鸟时，一定会将巢穴筑在树梢上或者悬崖峭壁上。不仅如此，它还会在巢穴里放上荆棘和石子，然后衔些枯草、羽毛放在上面，做成一个并不那么舒适的窝。

老鹰喂食幼鸟几周后，如果它觉得幼鸟已经足够强壮，可以飞出去独自觅食了，它就会残忍地搅动鸟巢，让巢里的枯草和羽毛掉落，露出下面坚硬的石子。就算幼鸟会痛苦得嗷嗷直叫，老鹰也不会放弃自己的打算。当巢里可以依靠的东西越来越少时，幼鸟会狠狠地抓住荆棘的枝条，尽管那样也很痛苦，但至少不会让它马上掉下去。这时候，老鹰会从远处飞过来，将幼鸟从巢穴中“推”出去。不要以为老鹰妈妈会杀死自己的孩子，在坠落的过程中，幼鸟为了自救，会本能地张开翅膀，从此学会了飞翔。

很多家长对待孩子就像老鹰这样。当孩子渐渐长大，就会慢慢让他们习惯离开家的生活，开始学着独立生活。刚开始，孩子可能会像幼鸟一般，会想家，会哭泣，会苦苦地挣扎，那都是成长必经的过程。如果没有老鹰那么狠心的一推，幼鸟永远不会成为鸟中之王。鹰之所以成为鹰，正是因为它们从小就摆脱了依赖，学会了独立地面对大自然的挑战。

不过，生活中也有很多“依赖型”的人。他们习惯活在别人的帮助之下，缺乏独立的见解，而且一旦脱离他人的支持，就无法独立面对周遭的世界。的确，依赖他人能为自己省去很多烦恼，只要有人帮忙做事，自己就不必费心思。然而，任何事情都是两面的，当你觉得来自他人的帮助让生活变得简单而顺畅时，也在无形中为自己种下了祸根。

爱默生说：“坐在舒适软垫上的人容易睡去。”依赖他人的习惯会让我们渐渐磨掉雄心壮志，当丧失依赖，或者依赖他人也无法解决问题时，才是人生中最悲哀的一刻。世间的很多事让人觉得可恶，但是一个身体强壮、头脑健全、重达一百五十斤的年轻人竟然双手插在口袋里，等待别人的帮助，却无疑是世界上最令人恶心的一幕。

薛刚是一个大公司的老板，年过半百之后，他对事业已经没有过多的要求，唯一的希望就是儿子能够及早接手公司的业务，自己好安心在家颐养天年。可是，儿子却过分依赖自己，始终无法独挑大梁。

儿子回国后，薛刚安排他作为一名普通的员工，“潜伏”在公司的底层。他希望儿子能够在那里锻炼锻炼，吃吃苦头，同时还能熟悉公司的整体结构和运作模式，以便他今后掌控公司的发展。可是没到一个月，儿子就因为业务拖沓被主管上司批评，两人闹翻之后，他的真实身份也暴露出来。

薛刚的计划泡汤，只好让儿子变成“空降兵”，直接到总经理办公室做助理。职位晋升，他的顽劣性情更加离谱。仗着在老爸身边工作，每天想干什么就干什么，稍微遇到困难就甩手不干，等待薛刚出面解决。薛刚特别后悔从小对儿子的娇惯，让他养成了衣来伸手、饭来张口的坏习惯，以至于到他成人以后，依旧不愿承担起自己的责任，像个孩子一样躲在父亲的荫庇下，任性胡为，整天做些荒唐事。

说实话，任何人都不应该成为自己依赖的理由，即使是父母兄弟。你依赖他人越多，就证明自己即将失去越多。过分依赖别人，不仅会让自己失去主动权，还会慢慢地失去自我，丧失对生命的主宰。

依赖也好，不自立也好，不过就是心态在作祟。贪一时便宜的人会觉得，能够获得他人的支持和帮助是一种幸运，从不利的方面来看，对他人的依赖实际上是一种不幸。给你钱的朋友只会让你丧失人格，鞭策你、毫不留情地指出你缺点的朋友才能迫使你自立。

一位名叫罗进的华裔人士，虽然身患残障，却从未放弃过追求理想和美好的生活。他的每一次努力，都是凭借坚持和毅力完成的。

罗进在五岁时不小心从岩石上跌落，导致了双耳失聪。后来，他被送到了聋哑学校学习手语，在那里，他不仅学会了另外一种语言，还遇到了自己的终身伴侣欣。

后来，欣跟随父母移民美国，两个人被迫两地分居。欣在美国工作，一直存钱帮助罗进移民，希望两人能到美国相聚。两人结婚后，罗进用了五年的时间终于顺利到达美国。到美国后，罗进和欣一家人挤在一个狭小的公寓内，并且在欣工作的工厂找到了裁缝的工作。不过，他并未甘愿过这样的日子。

在语言不通的他国异乡，罗进没有依赖妻子和亲人的帮助，反而主动去学英语手语，希望能够在最短时间内换一份薪水更高，更具专业性的工作。给罗进做过课程咨询的工作人员说："每次他都穿戴得整整齐齐，看起来非常专业。而且，他的举止非常礼貌，看起来就像随时准备参加面试。"

参加过一个食品制作的课程后，他在一家大型超市的烘焙部找到了一份面包师的工作。罗进的经理对他的表现赞不绝口，并且对他这种自立自强的精神表示佩服。每次经理夸奖罗进工作出色时，他都会说："我不能养成依赖他人的习惯，而是要比其他人更加独立才行。"

让热血沸腾——激情比方法更重要

奥兰多是一个汽车清洗公司的经理。他工作的店面是公司12家连锁店之一，也是生意最火爆、员工工作热情最高的一家店。所有在那里工作的人都表现得很骄傲，好像他们的生活因为清洗公司而变得更美好一般。

实际上，两个月前，公司还不是这个样子。那时候，员工已经完全厌倦了每天重复的工作。他们中有的人已经打算辞职，有的人则懈怠工作，浑浑噩噩地过日子。自从奥兰多来到公司，就用他昂扬的精神状态感染了所有人，让他们重新找回了快乐工作的日子。

奥兰多到达公司的第一天，就微笑着和每一个员工打招呼，然后将自己介绍给所有人。为了尽快地了解每一个人，他常常走出自己的办公室，穿着工作服和员工一起工作，和他们聊天，说笑话。公司里所有员工的工作安排他都列在了日程表上，以便随时应对员工的突发问题。他还创立了和公司会员的联谊会，让员工和顾客互动起来。

在他的影响下，公司里的所有人都开始高高兴兴地上班，充满激情地工作，两个月后，业绩也开始稳步上升。老板看到了奥兰多的过人之处，决定将他的工作方式在所有的连锁店推广。

长时间地在一个环境下工作，封闭的写字楼，办公室亘古不变的空调风，时刻不离手的电脑和电话，都在一点点侵蚀着我们的工作激情。当我们很轻松地成为娴熟的技术人员之后，日复一日地重复着相同而琐碎的工作，消耗着头脑中的存储量，让我们开始有了一种被掏空的感觉。

这时，不少人会产生一种无助感，开始怀疑自己的能力，从而在各个方面开始着手补救。可是，试验了许多方法之后，工作状态还是老样子，情绪也变得越来越低落，越来越没有冲劲儿。

其实，这些人从一开始就找错方向了。有时候，激情远远比方法更重要。与其运用各种技巧调整工作状态，不如重新找回对工作的热情。一旦你重新热爱自己的工作，在工作中享受到成就感和乐趣，即使环境没有变化，心情也会变得轻松快乐。

国际知名的建筑师罗宾谈及他对建筑的热情时，始终感谢的一个人就是他的父亲。“可以说，我的所有关于建筑的知识都是从父亲那里学到的。我真正学到的东西不仅仅是建筑知识，还有对建筑的热情。

“父亲是一个非常热爱工作的人，一个星期工作 7 天，周末从来没有休息过。即使每天回家都是筋疲力尽，他的心情却总是大好。每当我们居住的公寓开始更换大厅吊灯时，父亲总是一天天地待在一楼的大厅里，生怕那些笨手笨脚的木匠毁掉了原本的设计。”罗宾回忆说。

“当他开始建一座新的公寓时，如果马路对面恰好有个人也在盖公寓，父亲一定会盖得更快、质量更好。结果，那个人就会被老板解雇，从此被赶出这个行业。随后，父亲会买下那座未完成的公寓，按照自己的想法将它改建完成。这种工作总是让他非常享受，比他原本获得的成就感更大。”

罗宾继承了父亲的工作模式：带着一百分的激情做出一百分的成绩。因此，他每天晚上只睡三四个小时，整日奔走在城市的各个角落，为正在兴起的一座座高楼设计图纸，安排施工。“我实在太热爱自己的工作了，以至于早上迫不及待地想起来去上班。”很多人听来觉得诧异，罗宾却非常享受这个过程。

当有人问他：“你是用什么方法保持工作质量和效率的？”罗宾轻描淡写地说：“不需要任何方法，保持激情就行了。”

当你做着一份自己喜欢的工作时，它就不仅仅是耗费时间、劳役身体的工作了。因为工作本身已经变成了动力之源。就像苹果公司的创始人之一乔布斯一样。他或许不是最好的计算机设计者，但他却是最富激情的电脑爱好者。正是因为这份包含能量的原始激情，让他成为这一代人里最富有创造力的一个。

激情比方法重要，同样比聪明和天赋重要。那些天资聪颖的人往往没有什么成绩，原因就在于他们缺乏激情。与其说他们有一大堆梦想，不如说这些人都是“空想家”。他们的脑子里有很多伟大的念头，甚至有许多充满新意的想法，可是他们从来没有动手实践过，而是永远都在纸上谈兵。

工作激情来自梦想，来自努力去做，也来自瞬息万变的周围环境带来的挑战和冲击。如果在某一个瞬间，你能够放弃所有的顾虑和理性，问自己：什么才是我真正想做的事情？如果现在我只能做一件事情，我会去做什么？如果有那么一件事让我废寝忘食，让我全身心地沉浸其中，那会是什么事？当你对这些通通做过评价之后，一定能够找出激情的来源。做喜欢的事情通常就意味着你的激情所在。

霍华德是杰克在 IBM 实习时的第一主管。他是一个年过四十的中年男人，却是一个不失幽默和风趣的好上司。双鱼座的他头脑中总是会冒出各种各样有趣的点子，始终保持激情，即使在 IBM 这样严苛的环境里，他也能轻松应对，游刃有余。

杰克初到 IBM 时，就见到霍华德和其他人的工作状态不一样。他总是精神抖擞的，好像每天都有美妙的事情发生。于是，杰克好奇地问他秘诀，他总是笑而不语，到了后来，杰克开始死缠烂打，他才含糊地说了一句：“等你拿到 offer 的时候，我再告诉你。”

可惜，杰克最后没有留在 IBM，而是去了宇航局在北极的探测站做技术顾问。杰克猜想，大概以后都没有机会知道霍华德的秘诀了，没想到告别晚会一过，他就收到了霍华德的邮件，里面是他的博客链接。

“公司里的一个同事离开了，我觉得非常遗憾，原本期待他会和我一直工作下去，他却抛下了我们，选择了北极熊。

“他时常问我，你保持激情的秘诀是什么？其实我并没有秘诀，有的不过是对工作的喜爱。当我第一次接触计算机时，我就知道这是我会喜欢一辈子的东西，于是一直在这个行业坚守，不肯到其他地方去。

“工作中难免会遇到困难，比如公司政治、人事纠纷、领导的忽视和很多零碎的小事，这些东西就像是树林里的枝杈，会不断扰乱视线，让人失去耐心和乐趣。每当我遇到这些问题的时候，我就问自己，你还喜欢计算机吗？未来的20年里，你是否打算继续和它打交道？到目前为止，我的答案都是肯定的。这就是我的秘诀。”

生活如此美好——活在当下

曾经有一座神像，神像有两张面孔，一个向前，一个向后。向前看的一面代表面向未来，向后看的一面代表缅怀过去。神像非常高大，肃穆庄严，很多人都到神像跟前顶礼膜拜。

一天，一位路人经过神像面前，他没看懂神像象征的深意，于是前来问询。他对着神像说："为什么你能够受到这么多人的膜拜？"神像不屑地说："这你都看不出来，我一张脸向前，告诉世人不要忘记规划未来；一张脸向后，警示世人不要忘记过去。这么深刻的道理，你都看不出来吗？"

路人还是疑惑不解，继续问神像说："你将所有的时间都给了未来和过去，那么现在怎么办呢？"听过路人的追问后，神像无言以对，霎时间轰然倒塌。因为他已经承受不起世人的膜拜了。

如果按照时间来算，我们的生活全部是由三天组成的：昨天、今天和明天。然而，昨天已经悄然远去，明天还遥遥无期，我们唯一拥有的就是今天，也就是现在。正如库里希坡斯所说："过去与未来并不是‘存在’的东西，而是‘存在过’和‘可能存在’的东西。唯一‘存在’的是现在。”

可是，总有一部分人沉浸在对昨日的追忆中，为了生命中曾有过的幸福片段唏嘘感叹，或者为过去痛苦的际遇愤愤不平；另一部分人则生活在对未来的想象中，憧憬明日的美好生活，或者担忧强壮的身体因年老而生病，担忧儿女不孝，晚年不幸。

无论是活在过去，还是担忧未来的人，都有一个通病，就是在虚无的情绪中失去了当下。毕竟昨天已经是“存在过”的日子，而明天则是“可能存在”的日子，与其活在幻想或者破灭的幻想中，不如脚踏实地地活在当下，过好今天。

寺院里有一个小和尚，每天早上负责清扫寺院里的落叶。多年来，清扫落叶已经成为他每日必做的功课，无论春秋冬夏，他都要坚持完成。

虽是从小的习惯，小和尚也没觉得扫落叶是一件多么简单的事。尤其秋冬之际，每天风起，树叶就随风飞舞，刚刚扫干净的地方又要重来一遍。因此，小和尚每天都要花费许多时间才能清扫完树叶。小时候，小和尚很听师父的话，让他认真扫完他就扫到一片落叶都不剩，如今他长大了些，心眼也多了些，于是他一直想找个好办法让自己轻松一些。

忽然之间，他想到了一个好办法。一天清早，他早早地就起床了，对着一棵树猛烈地摇晃，摇落了许多树叶后，小和尚心想：“这一次真痛快，能把今天和明天的落叶都扫干净了。”这样想着，小和尚一整天都在偷偷开心。

第二天，他来到院子里一看，一下子就傻眼了，院子里还是堆满了落叶，和以往没有任何差别。师父看见小和尚诧异的表情，走过来对他说："傻孩子，世上的很多事情是无法提前的，就像这落叶，无论你怎么用力摇晃，第二天依旧会有树叶飘落。人唯有认真活在当下，才能活出最真实的人生。"小和尚点点头，表示明白了其中的道理。

想想那些脚步匆匆的人是怎样过人生的？少年时，将青春赌在了书本上，拼了命地想挤进一所一流的大学；如愿上了大学后，又巴不得马上毕业，赶紧找一份好工作；接下来，迫不及待地谈恋爱、结婚、生小孩；随着年纪的增长，天天盼着孩子快点长大，快点上大学，好重新回到自由身；孩子长大了，单位也退休了，却连路都走不动了。再也没有力气享受生活，再也不可能弥补青春时的遗憾了。

所谓活在当下，就是不要花时间去思考恐惧的未来或甜蜜的过去。专注于眼前的事，将时间和精力都花在眼下值得的事情上。有了今天一滴水，一粒米的积累，才能积累出若干个美好的今天，迎接即将到来的明天。

一天清晨，一位来访者请求一位大师指点迷津。大师将他请入房间里，耐心地听来访者讲他对过去犯错的懊悔和对未来生活的疑虑。几分钟后，大师打断了他的话，问他："你早上吃饭了吗？”那人点点头。大师又问：“那你吃完饭洗碗了吗？”那人又点头。大师接着问：“那你有没有把碗晾干呢？”那人不耐烦地说：“当然——现在，你可以解答我的疑惑了吗？”大师说：“现在你已经有了答案。”说着，将他请出了门。

大师的问题把来访者搞得满头雾水，气嘟嘟地就回家了。几天之后，他重新思考大师的问题，终于明白了其中的道理。大师正是在提醒他，将生活的重点放在眼前，不要去想那些已经无法弥补的事，更没有必要为尚未发生的事担忧。全神贯注于当下，才是生活的要点。

我们总是有很多对未来的规划，希望未来的时间早点来，提前吃掉明天的饭，提前做完明天的事，恨不得将未来几十年的工作都做完，一劳永逸。然而我们做的这些前提准备，往往都是无用的。其实，我们完全没有必要让自己陷入对过去、对未来的虚无念想中，当下的顺境或者逆境，可能已经是命运最好的安排了。

在北欧的一座教堂里，照例摆着一座耶稣的雕像。和一般的耶稣雕像不同，这里的耶稣雕像非常神奇，往往有求必应，任何人的愿望都能满足。正因如此，前来祈祷的人特别多。

教堂的看门人是一个老实人，也是一个虔诚的教徒，他看到每天有这么多人前来祈祷，每个人都向耶稣寻求帮助，他担忧耶稣过度操劳，希望自己能够分担他的辛苦。

一天，他在祈祷时，对耶稣表明了这份心意。这时，教堂的穹顶传来一个声音："谢谢你的好意。那么我们换下位置吧，你替我听众人的祈祷，我替你做教堂的看门人。"看门人看到了耶稣现身，连忙答应了。"不过，我有一个条件。当你变成我之后，无论你看到什么、听到什么，都不可以说话。"这个非常简单，看门人马上就答应了。于是，耶稣变成了看门人，看门人变成了十字架上的耶稣。

第二天，教堂里来往的人依旧络绎不绝，很多人都带着自己的心中苦闷向耶稣祈祷，希望能够得到耶稣的帮助。其中有许多要求是合理的，也有许多要求是不合理的。无论怎么样，看门人都信守承诺，默默地看着眼前发生的一切，没有说话。

过了几天，教堂里来了一位富商。富商请求上帝让他变得更加富有，祈祷完之后，富商匆匆离去，却忘记带走自己的钱袋。富商走后，来了一位穷苦的流浪汉，他请求上帝让他远离寒冷，能够温饱度日。祈祷完毕，他看到了富商落下的钱袋，发现里面装的是大把的金币。他以为自己的祷告被耶稣听到，马上让他实现愿望了。他谢过耶稣，将钱袋拿走。十字架上的看门人想要阻拦远去的流浪汉，但碍于之前的承诺没有开口。

流浪汉走后，来了一位将要出海的年轻人。他向耶稣祈祷航海顺利，自己能够平安归来。年轻人刚要离开，就被返回来的富商拦住了。富商以为钱袋被年轻人拿走，要求他归还，两人开始争执起来。这时，一直在上方观看的看门人终于忍不住了，他将事情的原委告知了富商，于是富商去追那个拿走钱袋的流浪汉，年轻人则追赶马上出海的轮船。

两人走后，站在门口的耶稣对看门人说："你现在没有资格分担我的辛苦了。"看门人大惑不解地问："难道我对他们说明真相也有错吗？"耶稣说："你只是自以为是罢了。那位富商的钱不过是用来嫖妓，被流浪汉拿走，正好可以挽救他的性命；年轻人如果被富商缠住，正好能够延误他出海的时间，因为他所乘的轮船将在大海中淹没。"

第十二章

家庭幸福才是真正的强大

一个人外在的强大，往往需要幸福的家庭作支撑，而这份支撑，来自相互理解、坦诚相待，也来自一颗爱与慈悲之心。

幸福感来自懂得知足——打理家庭生活

冬日里寒风凛冽，尤其到了晚上，呼啸的北风仿佛要掀掉屋顶。真是屋漏偏逢连夜雨，气温骤降的同时，珊儿居住的那个单元的暖气管道又坏了。无奈之下，她披着毛毯、抱着热水袋蜷缩在床上，默默等待供暖的恢复。

珊儿正在脑海中无数次感叹自己的时运不济，命运多舛，一阵“咚咚咚”的敲门声打乱了她的思绪。开门一看，原来是住在对面的邻居。之前见过几次面，但也只是点点头而已，从没有交谈过。她见珊儿身上裹着一条毛毯，笑着说：“哈，原来你家也没有暖气了！”珊儿将她请进屋里来，听她讲了一段生活的故事。

她姓汪，珊儿索性叫她汪姐。汪姐独自带着女儿生活了多年，一直住在对面的房子里。如果不是听她亲口说，珊儿简直不能相信她只有 40 岁。生活的重压在她的脸上刻下了深刻的痕迹，在白皙的脸庞上画满了深深浅浅的皱纹。

“这些年我过得苦啊！”汪姐平静地说，没有悲戚，没有抱怨，关于自己的故事，她好像早已麻木。女儿 5 岁的时候，丈夫死于一场工伤事故。当时婆婆重病在床，公公虽然健康无碍，却也帮不上任何忙。她既要照顾年老的公公婆婆，还要照顾自己的女儿。她没有再嫁，而是一个人扛起了一个家。面对每天忙乱、穷困的生活，她一夜之间老了十几岁，内心痛苦万分，仿佛生命已经永远陷入黑洞，没有希望了。

“不过，终于算是挺过来了。公公婆婆去世之后，我只要带好女儿就行了。现在，我女儿上了大学，成绩非常好，也长成了一个人见人爱的大姑娘。虽然我自己苦点儿，累点儿，但看着我女儿，心里已经很安慰了。”汪姐说。她在说这番话时，脸上的沉重悄然不见，幸福感一瞬间涌上了她的脸颊，整个人看起来那么宁静，充满了精气神。

送走了汪姐，珊儿继续回到被窝里蜷缩着。她忍不住把自己和汪姐的遭遇做了一下对比。她们是年龄相差不多的女人，同样背负着家庭的责任在经营人生。相较起来，珊儿显然幸运得多。她既没有丧夫，也没有一对年老的公婆需要照顾，可是她却常常和老公吵架，抱怨生活的不如意，觉得自己过得不幸福。“或许，幸福根本不在于拥有多少，而在于懂得知足，懂得感谢当下拥有的一切。”珊儿自言自语道。

当网友热烈讨论关于“你幸福吗”这个问题的怪异答案时，我们不禁要反思一下，关于幸福，到底是那些经过计算出来的 GDP 数字有说服力，还是路边的一个阿姨说“我挺知足的”有说服力？毕竟，幸福不单单是对物质的拥有，而是一种内心的感觉。

不管拥有的物质有多少，或者经历的坎坷有多少，即使在外人看来是非常不幸的事，只要当事人觉得满足、觉得幸运，那就是幸福。

前几日，张雪带着几个朋友到幼婷家做客。对幼婷家，朋友是第一次登门，张雪早已经是轻车熟路了。不过，再次见到幼婷老公的“死鱼眼”，她还是怒火中烧，替幼婷觉得气愤。一进门，幼婷呼喊老公出来，然后介绍给大家认识。彼此打个招呼之后，他就径自回到卧室，继续上网打游戏。

幼婷忙前忙后地招呼着，倒茶、拿水果，然后急急忙忙地洗菜做饭。张雪心疼她一个人忙来忙去，便到厨房一起帮忙。虽然她老公从始至终都没现身过，幼婷却还在替他说话。“他最近公司太忙了，半个月了，才轮到他休息一天。”张雪深知朋友是一个性情、脾气都非常好的人，因此更加为这种不公平的待遇感到愤怒。

吃过饭，幼婷的老公出门散步，留下姐妹淘在家里一顿吐槽。一个朋友问幼婷说：“你们家务怎么做？”幼婷说：“一般都是我来做，做饭洗衣这些事他也做不来。”张雪在一旁添油加醋道：“嗯，不仅如此呢，他从来不进厨房，从来不做饭。如果他早回家，幼婷还在外面，一定会两三个‘连环夺命 call’，把她叫回来做饭；就算他工作不忙，他也不会踏入厨房一步……”张雪积压的怒气还没释放完，就被幼婷一个眼神给吓回去了。

接着，几位女友也在抱怨：“这样看来，他娶的根本不是用来疼爱的老婆，而是一个不用付薪水的管家婆。”尤其女权思想比较强烈的两位女友，纷纷从人格、人权等方面教导幼婷，甚至劝她逃离苦海，让她重掌命运之舵。大家七嘴八舌地声讨了一番，幼婷一直平静地听着。末了，她说："我觉得这些都挺正常的，反正我愿意做，就多做点，也不是什么大事；他工作忙，就少做点喽。"

幼婷的话让众人一下子傻了眼。在别人眼里非常不公、充满义愤的事，在她看来竟然是再平常不过的小事。后来，幼婷还讲述了她和老公到外地游玩的经历，从言语中可以看出来，她是发自内心地觉得自己幸福。所谓"如人饮水，冷暖自知"，在一旁为她愤愤不平的朋友，倒看起来是庸人自扰了。

总是有很多人抱怨家庭不幸、爱人不够满意、生活的琐事快要让自己窒息等。反过来，好像没有人想过生活的意义并不是为了达到完美无瑕，并不是为了找到一个 100 分的爱人，而是要在跌跌撞撞中体会每一刻的快乐。

每个人都知道，家是讲情的地方，不是讲理的地方。因为女友不抱怨，不计较，所以才能心甘情愿地为家庭付出，为爱付出；可是，那些不满生活，不满身边亲人和爱人的人，却常常忽略了经营家庭、经营感情这个环节，固执地认为幸福就像一份定制的蛋糕，只要将自己的要求讲明，就一定会得到满意的图案。其实不然——有时候我们可以说，幸福来自比较，但绝对不是来自要求。

实际上，真正的幸福来自懂得知足，只要内心满足，即使物质条件恶劣，即使家庭生活琐碎，即使遭遇不幸的打击，都能因内心中强大的满足支撑生活，在艰难中追求快乐，在瑕疵中找到美好。

婚姻也要详略得当——幸福来自经营

从朋友那里听到一个令人哭笑不得的故事：娜娜和建民相恋多年，却始终两地生活。求学阶段尚可接受，各自工作之后依旧无法在一起，这让两个人都觉得非常痛苦。经过了两年多的努力，他们终于克服了空间的距离和现实的障碍，顺利地在建民所在的城市安居，并且结成夫妇。

亲朋好友都认定，经历过如此艰难的选择依然能坚定地守在一起的两个人，从此一定会幸福地生活下去。可惜，仅仅三个月过去，他们就办理了离婚手续，成了两个最熟悉的陌生人。离婚的理由很简单，婆媳不和，家庭矛盾。

当初，两个人之所以两地分开这么久，正是因为彼此都坚持自己的立场，谁也不想放弃前途大好的工作，放弃身边的朋友关系去一个陌生的地方生活。几次争吵之后，娜娜带着对爱情的信仰，放弃了她的坚持，只身一人来到了建民的家乡。

谁知道，建民的母亲将娜娜对爱情的珍惜当作是无力的妥协，结婚后的第一次见面就给了她一个下马威，摆出一大套的婆婆经来教育儿媳妇。婆婆不曾了解，娜娜是一个多么独立自强的人物，怎么可能忍受一顿老古板的说教，让一个老人家对她的生活指指点点？结果两人针尖对麦芒，闹到不欢而散。

随后的生活中，娜娜和婆婆不停地为了生活上的小事争吵，原本个性软弱的丈夫夹在中间就左右为难，娜娜一闹，他更加不知所措了。娜娜一个人在外地，远离宠爱她的父母和亲人，自觉身世凄凉，另外无法与婆婆友好相处，让她的婚后生活过得甚是郁闷。坚持了三个月后，她果断提出了离婚，一个人回到了娘家生活。

在任何东西都可以“速食”的社会，似乎感情和婚姻也变得可以速食了，看多了的人也变得见怪不怪了。但是，想想那些二十六七岁就已经经历过一次失败婚姻的男女，未免在人生中过早地体验到了生活的不幸。

俗话说，相爱容易相处难，离婚的理由总是可以找出千万种，幸福婚姻的秘诀却只有一个——悉心的经营。当爱情进入生活后，所有的事情都不再是两个人的事，而变成了两个家庭，以及家庭背后所有的社会关系之间的交汇。这个时候，热心往往无法解决一切问题，而是需要运用技巧来慢慢经营。

经营婚姻，有时候就像掌握某种植物的培植技巧一般，如果对这种植物不了解，即使一个偌大繁茂的花园，最终也难免会枯萎凋谢。一个懂得经营婚姻的人，他的生活一定是幸福的。而在婚姻的经营策略中，一个重要的原则就是详略得当。详略得当，意即在乎那些具有关键意义的问题、矛盾，同时忽略掉无关紧要的小事，将生活中的事情分为轻重缓急，一一解决。否则的话，如同乱麻一般的生活琐事、家庭小事一定会像海草一样缠住你的脖子，让你窒息而死。

中宇昨天晚上又和老婆吵架，到了早上出门，双方还在生闷气，谁也不理谁。中宇想："每次无理取闹都要我去道歉，这一次我偏不。"

原来，他们想赶在黄金周假期之前，到海边游玩。于是，两人分别从公司里请假，打算在人群拥堵之前到达目的地，可是，做什么事都粗心大意的雪盈到出发之前都没有收拾好东西，满屋子散落着各种衣服和设备。

中宇坐在电脑前，对着出行明细表问雪盈："单反相机拿了吗？"雪盈打开箱子检查一遍——没拿，于是她到卧室找到单反相机，装在了行李箱里。中宇又问："泳衣和防晒霜拿了吗？"雪盈打开箱子又检查一遍——没拿，她再次返回卧室，找来了防晒霜和泳衣。中宇看着跑来跑去的雪盈，觉得非常好笑，刚想问她："李雪盈你拿了吗？"没想到雪盈已经失去兴致，开始发飙了。

雪盈说："你记性好，你来收拾啊？什么都不做，还坐在那里指挥，要不要脸啊？是我一个人出去玩，还是咱们一起啊？我又不是你的助理，凭什么所有东西都是我收拾，我还不干了呢，剩下的你自己收拾！"雪盈扔下客厅里一堆乱七八糟的物品，躲进卧室里闹起了罢工。

中宇感到莫名其妙。“刚才还好好的呢，说变脸就变脸啊？”他敲了一下卧室的门，却只听到雪盈的怒吼，还有坚硬的物品碰撞房门的声音。吃了闭门羹的中宇只能默默地一个人收拾残局，对着电脑亲自检查所带的物品。第二天，两个人都各自黑着一张脸，雪盈的脸色更是难看。眼看着一次美好的旅行就要成为受难之旅，中宇却还没有找到解决之道。

从故事中，我们可以分析出，雪盈是一个相当敏感的人，相反地，中宇却是一个粗线条的人。他说的话有一半是指导，一半是逗趣，而且说话不怎么经过大脑。这样的话，两个神经“粗细不同”的人相处起来就难免会为了鸡毛蒜皮的小事争吵。虽然两个人都知道不过是无伤大雅的小事，却还是会为此僵持不下。

曾经有一个故事这样说：一个即将出嫁的女儿问她的母亲说：“妈妈，结婚后我要怎样经营我的婚姻？”母亲没说话，从地上捧起了一把沙子。沙子堆在手掌上，像是两座小山。这时，母亲将双手握成了拳头，沙子马上从指缝间撒落出去，手心里的沙子也只剩下了原来的一半。此时，母亲开口说：“婚姻像沙子，当你把它抓得很紧的时候，它就会这样跑掉；反之，让它处在一个舒适的位置上，它就会让你满意，让你幸福。”

幸福的生活，或者说幸福的婚姻生活，真谛不正是如此吗？

倾听内心世界——学会和家人相处

29岁的诺伊在大学担任伦理学教授。她是一个年轻、颇具魅力的姑娘，因此和同事、学生相处都很好，在他人眼里，她总是非常友好，照顾他人的感受，尽力帮助遇到麻烦的学生，任何认识她的人，都会说这是一个善良又好相处的人。

可是，当诺伊从大学教授变回了母亲的女儿，却完全变成了另外一个样子。感恩节当晚，诺伊的妈妈来到了她的公寓，和她一起过感恩节。当诺伊在厨房弄火鸡时，妈妈提醒她说："诺伊，你在材料里放洋葱了吗？我记得你总是忘记把洋葱放进去！"

一句简单的询问，让诺伊火冒三丈。她突然感觉自己又变成了15岁的小女孩，整天被妈妈跟在后面唠叨着，强迫她听一大堆她不喜欢的理论。于是，她转身对妈妈吼道："不要再对我指手画脚了，妈妈，我知道怎么填塞火鸡的肚子！"

众多周知，父母是我们身边最亲最爱的人。但往往是最亲近的人，我们却不懂得如何和他们相处。就像诺伊一样，她永远能在妈妈的话里闻到挑剔、批评的味道，哪怕妈妈只是一句简单的询问或者叮嘱，她也会神经战栗，觉得浑身不舒服。

或许，我们已经从一个孩子长成了大人，能够独立负担生活，在社会上也寻到了自己的位置。可是，父母和我们相处的方式却从没变过，因为在他们眼里，孩子永远是孩子，永远让人担心，需要他们的照顾。当这两个不平衡的心理状态正面碰撞，必定会像诺伊那样，生出不满的情绪，或者更糟糕，闹得双方不欢而散。

乔治和安娜的第一个孩子出生时，安娜的父母不请自到，打破了他们原本的计划。安娜原本打算安安静静地生产，等自己恢复一点，乔治也不用为孩子的事操心时，再通知父母，或者接他们过来。结果，安娜的父母两人兴冲冲地赶来，不仅打乱了他们的计划，还让原本手忙脚乱的乔治更加忙碌了。

当安娜快生第二个孩子时，他们提前去了一次安娜的父母家，本意让她们看看女儿的状况，然后回家安静地生产。结果安娜的母亲突然开口说："这次我不会赶到你生产的那天去看你，我们决定提前去，我可等不到你分娩完了才给我打电话。"

乔治一听热血冲头，对岳母说："安娜生孩子时我们不会给你打电话的，但我会告诉你孩子的生日。"岳母立即抗议，因为她觉得女婿在排斥她。两个人争执了一番后，安娜挺着大肚子一边安抚老公，一边安抚妈妈，忙得不可开交。

故事中的道理很简单，甚至没有发生冲突的必要，只是故事中的人，无论乔治、安娜或是她的母亲都没有运用好策略。安娜的母亲一定是担心女儿，才想要去亲自陪伴。可是，安娜和丈夫乔治更多的是考虑他们两人的安排，如果突然加入两位老人的话，只能让整件事变得混乱，也会分散他们的注意力。如果安娜的母亲选择一个更好的方式提出要求也会是一个不错的主意，或者事先和安娜商量，询问过他们的安排再做决定。当然，作为女儿，安娜更应该主动倾听一下父母的心声，了解他们的最初意图。

当我们从充满人事纷争的社会回到家里，总是会变得肆无忌惮，想说什么就说什么，想做什么就做什么，想要用自己最真实的一面随心所欲地面对家人。往往因为这样，让我们武断地推测了父母的意图，造成很多误会，甚至伤到亲人的心。

可以说，任何一种令彼此舒服的人际关系都不是从天而降的，而是双方努力栽培，互相理解的结果。我们和父母的关系也不例外，如果你不愿意主动迈出第一步，就永远无法了解父母的内心世界。

同事们谈起各自的春节经历，当王小慧说到自己的经历时，让所有人都忍不住哭了。

小的时候，父母对小慧的要求非常严格，她调皮的时候，不去上外语课的时候，或者和朋友玩到忘记回家的时候，爸爸都会狠狠地打她屁股，警告她不许再犯。她则会一边哭一边大声地喊："你打我吧，等我将来赚很多很多的钱，到好远好远的地方去，你就再也不能打我了。"

或许是父母一贯的严格要求，或许是小慧为了实践自己的诺言，从此之后，她开始一门心思地学习，从来不让父母指责她半句。她一路努力着，顺利地考入了大学，大学毕业后出国，回国后进外企，拿高薪，过着丰厚的物质生活。可是，即使工作一路顺风顺水地发展，她给自己的只有事业，给父母的则只有金钱。

刚从国外回来的时候，有一个条件不错的男生追求小慧，那是一个让许多女生都心驰神往的男生，可是，她为了更高的职位、更优厚的薪水，离开了那个公司，那座城市，从此和那个男生也断了联系。一年之后，那个男生结婚了，小慧依然在为她的事业打拼。

没有感情牵绊的她，将所有的假期时间用来独自旅行。每个假期，她都会从不同的地方打电话回家，给父母讲述身边的美景，遇到的趣事。父亲常说："其实，现在家乡也有很多漂亮的地方，有很多人都到这里欣赏、游玩，你也可以回来看看嘛！"她从来没听懂过父亲的意思，嘴上喏喏地答应，下一个节日里她还是会走向远方，去见识未知的世界。

直到去年春节，因为南方各地都在下大雪，交通不便，她才第一次回家陪父母过年。见到多年没有回家的女儿，母亲激动得热泪盈眶。看着父母连续几天的兴奋面容，为她准备吃的喝的，走的时候还给她带上了各种家乡的小吃和礼品，她才真正意识到，父母需要的不仅仅是金钱，更需要倾听和陪伴。

尽管我们和父母有着不可隔断的血缘关系，却常常因为彼此处在不同的年龄、完全不同的经历以及在社会上的角色不同而产生心理上的隔阂。因此才有很多人说："我最爱的人便是父母，而最无法理解的人还是父母。"

父母时常将我们看作是一个不懂事的孩子，缺乏人生经验，需要时刻提醒和教导。我们却觉得自己已经长大，足够应付人生中的各种问题。因此拒绝，因此回避，因此产生了诸多误会和隔阂，让原本应该最亲近的家人之间充满了不了解和不接受。

有时候，父母需要的并不多，可能只是五分钟的耐心，或者十分钟诚恳的倾听，只要这样，我们就能了解父母更多的一面，从而理解他们的想法和做法。既然我们有能力周旋在各色人物之间，应对各种难缠的领导和客户，处理好各种复杂的人际关系，为什么不能在亲人的身上多花一点心思，让爱和关怀战胜心中的极端和狭隘，从而让彼此之间更舒服地相处，彼此的爱更温暖呢？

爱也需要表达——真诚地赞美你的爱人

萧阳是一个强势的事业女性，做事风风火火，带着公司的员工冲锋陷阵，特别有女将军的派头。可是，一向自恃高人一等的她，却在婚姻里栽了个跟头。

萧阳的老公唐鹏是通过朋友介绍认识的，两个人年龄合适，感觉也都不错，相处了半年左右就结婚了。唐鹏是一个老实人，在机关里做了许多年，职位不温不火，为人亲切随和，因此，他对萧阳能够独当一面的个性非常满意，而萧阳则喜欢他的亲切温柔、体贴备至。结婚之后，萧阳继续忙碌自己的事业，唐鹏却渐渐无法忍受萧阳对他的任何事都指手画脚，甚至觉得她从心底里瞧不起自己。

年底时，唐鹏的单位主任被人举报后免职调查，萧阳建议唐鹏去联络一下上层领导，套套关系或者送送礼，让他去做下一届的主任。可是，唐鹏宁愿选择安稳的生活，永远做个小职员，平平淡淡的，也不愿意去蹚那浑水。两人意见相悖，结果吵了起来。

萧阳对着唐鹏大声地吼道："你这个懦弱、小气、没出息的男人！”唐鹏感觉自尊心受伤，一气之下离家出走，搬到了单位的宿舍去住。没过几天，萧阳听说单位的女同事每天给他送饭，陪他聊天，她更加生气了，甚至开始怀疑这段婚姻能否继续进行下去。

独守空房的萧阳找来闺蜜相伴，同时向她倾诉了内心的真心话。“都说相骂没好口，我那天说的也都是气话，谁知道他就真生气了，现在连家都不回了！”萧阳哭着说。“你是不是在家里也像在公司一样，把老公当成职员一样管束啊？你平时不赞美他，不哄着他也就算了，也不能一吵架就贬低他，骂他没用啊。当初你不是就看他沉稳、老实，才决定和他结婚的吗？”

朋友的一番话让萧阳反思了很久。“我好像真的从来没有赞美过唐鹏。其实他是个好人，心地善良，为人谦和，特别会替他人考虑，这些不都是他的优点吗，为什么我从来都没看见呢？”没过多久，萧阳亲自到唐鹏的单位道歉，两人和好如初。

“懦弱”“小气”“没出息”这样的词，用在任何一个人身上，都不免过于伤害自尊心。如果一个男人长期被这样责骂，就算他不是这样的男人，也会在长期的打击和心理暗示之下变成这样的男人。

我们知道，中国人的感情一向内敛，不张扬，对感情喜欢隐讳，不善表达，这就让很多原本深沉、含义丰富的感情变得可感而不可知。彼此想着对方一定是和我心灵相通的，只要行动就好，无须表达，更无须赞美。

惺惺相惜的确是一种浪漫的表达爱、接受爱的方式，让原本细微的爱情在举手投足之间沁出了味道。不过，感悟和表达终究是两种不同的感受。试想，如果你爱一个人，难道不希望对方能够真切地感受到你的爱，让充满猜测和怀疑的爱变得更实在、更直接吗?

在好莱坞，婚姻是一件非常冒险的事，即使保险公司也不敢承接这种保险。但是华纳·巴斯特的婚姻，却是少数几个幸福婚姻中的一个。

巴斯特夫人婚前的名字是威尼费·布莱逊，是一个当红的演员。不过，她为了爱情放弃了正当红的表演事业，和华纳·巴斯特结了婚。失去表演机会的她并没有丧失人生的美好，反而在婚姻中获得了幸福。

巴斯特先生一直很珍惜他们之间的婚姻，他说："她失去了在舞台上表演的机会，失去了鲜花和掌声，那么我就要尽最大的努力，让她得到我的赞赏。"正是因为丈夫的这种努力，巴斯特夫人在丈夫真心的赞赏和热爱中，得到了爱和幸福，她从来没有为自己不能继续表演事业感到遗憾。

毫无疑问，世界上没有比赞美更动听的语言。如果说婚姻是男人给女人最重要的承诺，赞美就是丈夫送给妻子最浪漫的礼物。真诚的赞美表达的是伴侣之间一种欣赏和激励，通过赞美和欣赏，你才能看到世界的另一半，才能毫不保留地接纳世界。

世界上的每个人都希望得到他人的认可和夸奖。每个人在付出了必要劳动和热情之后，都期待别人的赞美。即使是动物的大脑，在收到鼓励的刺激后，也会在大脑皮层上产生兴奋反应。由此可见，享受赞美是动物和人共同的需求之一。

心理研究也相继证明，大多数男子在寻找恋爱对象时，并不希望找一个能干的高级职员，而是想找一位既迷人，又可以满足他虚荣心的可爱女子。如果和一个大型公司的女主管一起吃饭，而她只会拿“哲学思潮”作为话题的话，即使她容貌美丽也不会得到男士青睐。相反地，如果和一个学历不高的打字员约会，她会用热情的眼光注视着身边的男子，话语中还带着无限深情，即使她并不漂亮，也会接到男士的第二次邀请。由此可见，赞美他人、欣赏他人的举动，往往比丰富的才学、高超的智慧更吸引人。

狄斯累利是英国最伟大的政治家，但他却是一个最懂得赞美妻子，表达爱慕的男人。即使面对全世界的人，他也会毫不害羞地承认“我非常感激那位小女人”。

当他谈到自己的妻子时，他会深情款款地说：“我从妻子那里得到的许多帮助，比从世界上任何其他人那里得到的都要多。在我年轻的时候，她是我最好的朋友，帮助我向前努力进取。我们结婚之后，她省下每一个美元，拿去投资，再投资。她为我积累了一大笔资产。我们有一群可爱的孩子，她为我建造了一个温暖舒适的家。假如说我有所成就的话，全都归功于她。”

自以为是的代价——不要用你的方式来爱我

有一对携手走过几十年的老夫妻，他们一直相濡以沫，恩爱有加，彼此体谅，互相照顾。多少年来，他们从来没吵过架，没拌过嘴，连激烈的争执都非常少见。见过他们的人都非常羡慕这样的婚姻，因为再也没有人像他们一样惦记着对方，心里时刻想着对方了。

这对夫妻都特别爱吃鱼，丈夫爱吃鱼头，妻子爱吃鱼尾。于是，每次吃鱼的时候，丈夫都会特意将鱼头留给妻子，因为他觉得整条鱼中鱼头是最美味的，他要将最好吃的部分留给妻子吃；妻子则将鱼尾留给丈夫，因为她也同样惦记着丈夫，希望能给他最好的。

时间飞逝，就在这种你谦我让的日子里，他们一起走过了大半辈子，走到了迟迟暮年。妻子在72岁那年病重，先走了一步。丈夫在整理妻子遗物时，发现了这样一句说："一天又一天，一年又一年，我总是把自己最爱吃的鱼尾留给他，虽然我再也没吃到鱼尾，但看他吃比我自己吃还快乐！"丈夫不禁感叹道："其实，我喜欢吃的是鱼头啊，但是我每次都把它给你，以为你也会喜欢！”如果不是妻子去世，或许丈夫永远都不会了解，他们一直在用一种“自以为是”的爱对待彼此。

夫妻间互相爱护，彼此恩爱是再好不过的事情了，但是，当我们表达爱时，也要懂得用对方喜欢、对方可以接受的方式来爱。毕竟人和人的喜好不同，自己喜欢的，不一定对方也喜欢，就像一首歌中唱到的：“你以你的方式爱着我，你是否知道我到底要的是什么？”很多夫妻正是没有懂得这一点，才导致好好的一份爱，最后以悲剧收场。

如果你深深爱着一个人，一定是想将世界上最好的东西给他，但前提往往都是自己认为最好的。就像有的丈夫拼命赚钱、每天加班，然后用赚来的薪水给老婆买首饰、买衣服，其实他从来不知道，妻子要的或许只是一个朝夕相伴的爱人，并不是物质上的奢华。

所以说，真正的爱不是自以为是的占有，更不是自以为是的表达。当你的伴侣常常为你的呵护感到不满，或者对你送出的礼物毫无欣喜之情时，先不要急着表达你的愤怒和失落，聪明的人应该想一想，你的给予到底是不是对方真心想要的。

一个女孩刚刚结婚 3 个月，就来到了咨询中心寻求帮助。当然，并不是因为丈夫出轨，或者生活困苦，而是两个人完全处在相同电极的一端，一旦触碰，必会排斥。

女孩从小和爷爷奶奶一起长大，因此性格有点任性，生活上也随随便便的，没有什么特别的要求。与之相反，丈夫生长在一个权威型的家庭中，父母的管教非常严格，生活上的一举一动，房间里的一纸一物都有特定的要求。两个人虽然是彼此喜欢，也想要在生活中建立一个幸福的家庭，却在相处上遇到了许多的问题。

每天回到家里，丈夫就像一个暴君一样指责她的言行。指责她作息随意、东西乱丢、吃过饭从来不能第一时间洗碗等。虽然都是一些家庭琐事，却让女孩子身心疲惫。“这些事我并不是没有做，只是我有自己的时间安排，为什么每件事都要按照他的要求进行呢？”

为此两人不停地吵架，后来吵烦了，就开始怄气。两个人待在一个房间里，谁也不理谁，谁也不和谁说话。可是一分开，还是会互相想念。“丈夫工作忙，常常需要加班。以前我都会提醒他出去吃饭，现在虽然还是生气，依旧是放心不下！”

就是因为这样，每次吵架之后，女孩都会妥协，按照丈夫的要求来做，可是，当她发现丈夫快要全面掌控她的时间，甚至重新改造她的生活时，她感觉到一种从心底生出的恐惧。“他就快变成我公公那样，成为家里的帝王了，这根本不是我想要的生活。”

女孩子哭哭啼啼地诉说了近一个小时，终于将心底的委屈和生活中的诸多情况表达清楚。心理咨询师针对她丈夫的童年生活环境给她做了细致的分析，同时建议她说：“你们依然相爱，这是不争的事实。但是，要想维持婚姻的稳定和长久，就要学会给对方正确的爱。你的丈夫在用他自以为正确的方式爱你，或许你也在用这种方式爱他。”在咨询师的建议下，女孩决定回家和丈夫交流一下。“可能我们两个都有问题！”

不管爱情多么美好，婚姻毕竟是由两个完全不同的个体结合。真正地懂得对方需要什么，关注什么，才是美满婚姻的开始。所谓的了解对方，不仅仅是了解他的饮食习惯、他的爱好、他的脾气秉性，还要了解他的成长经历、他的人生追求、他的内心理想。只有当你真正地懂得对方，懂得用一种对方能够接受，甚至期待的方式爱他时，美好的婚姻才真正开始。

一个中国留学生和一个美国同学结婚了，婚后，妻子在家做全职太太，相夫教子。她像传统的中国妻子一样，每天煮可口的饭菜等丈夫回来吃，精细地打理他的生活起居，甚至每天打电话到他的公司去，叮嘱他按时吃饭，查看天气变化，增添衣物。

丈夫对妻子的持家有道非常满意，也很享受妻子烹饪的中国菜肴，可是，他无法忍受妻子每天给他打好几通电话，就是为了提醒他吃饭和天气变化。为此，他的同事开始嘲笑他，说他是妻子怀抱中的宝宝。

终于有一天，丈夫对妻子摊牌，请她不要再打电话到公司。“我是个成年人，我知道什么时候肚子饿，也知道什么时候吃饭，你不能像照顾婴儿一样照顾我。”妻子虽然答应了丈夫的要求，心里却觉得很不是滋味。她觉得丈夫不理解她的苦心，甚至还曲解她的意图。

当爱情遭遇到的不仅仅是生活背景不同，还有民族文化上的差异时，就更加需要夫妻双方的沟通和了解。只有了解了，才能放弃掉自以为是的爱人方式，选择一种对方真正需要的方式来表达关爱。所有人都期待婚姻能够“因欣赏而结合，因了解而永久”，而这美好的目标往往都要从放弃自以为是开始。

幸福恒久远——寻找婚姻里的新鲜感

俗话说，人无千日好，花无百日红。即使是曾经“海誓山盟，天崩地裂”的两个人，也难免在婚姻里被磨去了激情，开始流于世俗。当幸福的感觉渐行渐远，你是否有些危机意识，觉得自己的爱情快过期了？你是否感觉婚姻即将变成禁锢自由的围城，除了牢骚和抱怨，就剩下麻木和遗憾了？

消极的人在日渐沉闷的日子里沉沦下去，等待着命运的转折或者命运的抛弃；积极的人则开始为婚姻寻找新鲜的刺激，避免原本相爱的彼此走到相看两生厌的地步。如果婚姻真的就像食品一样，在隐蔽之处标示着保质期，过期作废，那么我们真的要想方设法让婚姻保鲜呢！

在英国，有一对夫妇做了30多年的邻居，结果他们的婚姻一直充满新鲜感。即使到了暮年，他们依旧一起逛街，一起欣赏电影，一起享受美食。生活似乎比年轻时更加甜蜜了。

这对夫妇都是老师，两人结婚后一起买了一套三居室。由于丈夫薪水很高，于是由丈夫赚钱养家，妻子全力营造他们的家。然而，美好的生活并没有一直持续下去。不久，丈夫失去了工作，他开始变得沮丧，对妻子、对家庭的态度也变得不一样了。尽管妻子始终在努力安慰他，却难以阻止悲剧的发生。

丈夫找工作不顺利，于是开始流连夜店，有时候甚至整夜不归。当妻子决定不再忍受这样的生活时，向丈夫提出了离婚。丈夫虽然觉得人生渺茫，却始终深爱着妻子，从未动过离婚的念头，因此对法院的传票视而不见。最后，于心不忍的妻子也不想对丈夫落井下石，放弃了离婚诉讼。

两人分居之后，妻子找到了新的工作。摆脱了琐碎的家庭生活后，她重新找到了自我。与此同时，丈夫也渐渐变得乐观，开始了新的生活。偶尔一个人的时候，妻子也会感到孤独，并怀念起和丈夫一起度过的美好时光。

一年半后，在外数月的丈夫买下了以前邻居的房子，变成了妻子的邻居。从此之后，两人开始了一种全新的生活方式。每天早上，丈夫会将泡好的茶和早餐送到妻子床前，他们一边吃早餐，一边谈论一下有趣的见闻，然后各自去上班。到了周末，他们还会到餐厅正式地约会一次，重温一下爱情的美好。对他们来说，这种婚姻生活让彼此保持了独立的空间和个人生活，也巧妙地避免了生活摩擦造成的争吵和碰撞。

迫于追求理想和生存的压力，大部分现代人都心浮气躁、身心疲惫，无暇去顾及太多。当劳累了一天的人拖着疲惫的身体回到家中时，都希望得到家人的关爱及呵护。

可是，感情就像身体一样，总是会有疲惫的阶段。这个时候，一旦一方有意刁难、放大自己的负面情绪，就容易让另一方原本脆弱的内心受到伤害。即使再相爱，也会被时间和琐碎的事情磨掉耐心，结果变成互相无法理解，互相伤害。

实际上，与其说为婚姻保鲜，不如说为自己保鲜。当一个人能够在工作、家庭之外，寻找到新的乐趣时，将注意力从两个人的世界扩展到更宽广的世界时，家庭这个小区域的矛盾也会变得相对缩小。

在结婚之前，苏宁就是一个喜欢旅行，对未知世界充满好奇的女孩。结婚后，她成功地将这一爱好变成了两个人的爱好，夫妻一起携手走过了许多地方，既见识了人间的美景，也增进了彼此的感情。

苏宁和老公的相识，就是从一次驴友组织的活动上。当时他们一行人到了内蒙古的草原，在夏夜里支着帐篷宿营。很多人都是初次露宿野外，对于很多常识性的技巧都不了解，苏宁则瞬间变成了行家，指导一群菜鸟如何支帐篷、如何避免蚊虫的叮咬等等。而苏宁的老公，就是其中一个菜鸟。

当苏宁和老公恋爱后，才发现他是一个典型的宅男，从不喜欢出门，那次草原之行，竟然是他第一次远行。

结婚后，两人的生活一直在忙碌中平淡地进行，每天下班之后，夫妻之间最多的交流就是抱怨各自的工作和刻薄的上司。有时候，还会为了生活上的琐事争吵。两个人争吵之后，苏宁常常带着赌气的成分，给自己安排一个小假日，选一处未去过的地方，利用旅行释放一下郁闷的情绪。直到后来，老公也加入进来，旅行就变成了他们化解矛盾的秘诀。

如今，他们已经走过了全国的 30 多个城市，还自驾去了一次西藏。苏宁喜欢将自己的见闻写在博客里，总结一些旅行须知供网友交流。苏宁说："到现在，旅行已经成为我们生活的一部分。我们有同样的生活态度，旅游让我们放松，也让我们彼此依靠得更加紧密。"

当我们将过多的注意力放在了生活中的小事，对彼此的习惯斤斤计较，一点鸡毛蒜皮也能成为争吵的理由时，或许我们应该试着改变角度，将目光投向远方，或者其他有益的事情。与其将美好的生活耗费在永远的奔波中，不如和爱人认真体会每一刻的感受。当你保持了自己对生活的新鲜感时，也就自然地找到了婚姻里的新鲜感。

永远强大的秘籍——爱与慈悲之心

如果说，爱情一定要和慈悲相连的话，那么就是爱情中的爱与慈悲。当我们爱一个人，或者和一个人牵手走入婚姻时，可能是对他生命的拯救，更有可能是对方重构了我们的生活，无论怎样，都算得上生命中的奇迹。所以说，无法牵手，却能真心祝福的是一种慈悲；牵手走过一程，及时放手的也是一种慈悲；携手共度一生，将生命与爱情融合到一起的，则是更大的慈悲。

说起来，但凡爱，都和慈悲有些关联吧。从互不相识，到相知相爱，到接纳一个陌生的人走入自己的人生，这需要多大的勇气和包容之心啊。即使不是男女之间的情爱，朋友之间的友爱、亲人之间的关爱，慈悲者对于不幸者的恻隐之心，不都是人性中的爱与慈悲吗？

有一天，佛陀用指甲挖了一些泥土，然后他问一个比丘说：“是我指甲上的土多，还是大地上的土多？”比丘说：“当然是大地上的土多。您指甲上的土那么少，怎么能和大地的土相比较呢？”佛陀说：“的确如此。如果说具有慈悲之心的众生就像我指甲上的土这么少，那么慈悲之心尚未开启的众生就像这大地的土一样多。我们要大发慈悲之心，教化世间的众人。”于是他和比丘分别去往各地，努力教化众人。

到了冬天，天气非常寒冷，天地万物都处在了一种冰封的状态。一个流浪汉遇到了行走中的比丘，希望得到他的帮助。流浪汉因为饥饿而虚弱，因为寒冷而颤抖。他对比丘说：“不仅我在挨饿受冻，我全家人也都危在旦夕，如果你有什么东西可以让我们维持哪怕一天的生命，就请你帮帮我吧。”

比丘心念佛陀的教导，要将慈悲传给世人，决定帮助这位流浪汉。可是，他的身边也找不到任何东西可以施舍给流浪汉，他寻遍了全身，从包裹里找到了随身携带的佛像。于是，他将佛像上一个金圈拿了下来，送给了流浪汉。流浪汉说：“你怎么可以将佛的东西拆下来呢，这我不能要！”比丘说：“我不过是按照佛的旨意做事罢了。”

我们常常说，当我们温饱时，施予穷人食物并不是慈悲；当我们饥饿时，和他们分食晚饭才是慈悲。当一个人从内心接纳这个世界，理解每一个人，无须权力的帮衬，也无须金钱的衬托，他自然就变成了心慈仁善、内心强大的人了。因为有爱人的能力，有对世间万物和他者的感激之心，所以他变得强大。

在人类的所有感情中，爱和慈悲能带领我们摆脱束缚，创造超越个人的奇迹。爱和慈悲作为一种扩大的情感，会让我们全身充满一种无穷的力量。这种力量会变成我们生命的支撑，也能让我们敞开心胸，吸入更多的能量，接纳更复杂、更广阔的世界。

图书在版编目(CIP)数据

心理学让你内心强大 / 隋岩著. —5版. — 北京：中国法制出版社，2019.9

ISBN 978-7-5216-0440-5

Ⅰ.①心…　Ⅱ.①隋…　Ⅲ.①心理学－通俗读物　Ⅳ.①B84-49

中国版本图书馆CIP数据核字（2019）第169823号

策划编辑：李佳（amberlee2014@126.com）

责任编辑：王悦（wangyuefzs@163.com）　　封面设计：汪要军

心理学让你内心强大

XINLIXUE RANG NI NEIXIN QIANGDA

著者 / 隋岩

经销 / 新华书店

印刷 / 三河市国英印务有限公司

开本 / 880毫米 × 1230毫米　32开　　印张 / 10.5　字数 / 216千

版次 / 2019年9月第5版　　2019年9月第1次印刷

中国法制出版社出版

书号ISBN 978-7-5216-0440-5　　定价：42.00元

北京西单横二条2号（100031）　　传真：010-66031119

网址：http://www.zgfzs.com　　**编辑部电话：010-66054911**

市场营销部电话：010-66033393　　**邮购部电话：010-66033288**

（如有印装质量问题，请与本社印务部联系调换。电话：010-66032926）